普通高等教育应用型本科规划教材

Tugong Shiyan

土 工 试 验

张 伟 陈仁山 李 志 主 编
王保群 主 审

人民交通出版社股份有限公司
北京

内 容 提 要

本书为高等学校应用型本科教材,按照现行的国家规范及行业标准编写。全书共分为13章,较系统地介绍了土工试验基础知识、含水率试验、颗粒分析试验、密度试验、比重试验、界限含水率试验、击实试验、固结试验、剪切试验、承载比(CBR)试验、试验成果的分析整理方法。为了巩固和加深读者所学的知识要点,配备了大量的选择题、判断题以及计算题,同时对习题做了较详细的解答,供读者参考。

本书可作为高等学校土木工程专业,道路、桥梁与渡河工程专业,交通工程及相关专业的教学用书和教学参考书,也可供从事相关专业的设计、施工、监理人员参考使用。

图书在版编目(CIP)数据

土工试验 / 张伟, 陈仁山, 李志主编. — 北京 :
人民交通出版社股份有限公司,2022.4
ISBN 978-7-114-17749-1

Ⅰ.①土… Ⅱ.①张… ②陈… ③李… Ⅲ.①土工试验—高等学校—教材 Ⅳ.①TU41

中国版本图书馆 CIP 数据核字(2021)第 256050 号

普通高等教育应用型本科规划教材

书　　名:土工试验
著 作 者:张 伟 陈仁山 李 志
责任编辑:崔 建
责任校对:席少楠
责任印制:刘高彤
出版发行:人民交通出版社股份有限公司
地　　址:(100011)北京市朝阳区安定门外外馆斜街 3 号
网　　址:http://www.ccpcl.com.cn
销售电话:(010)59757973
总 经 销:人民交通出版社股份有限公司发行部
经　　销:各地新华书店
印　　刷:北京印匠彩色印刷有限公司
开　　本:787×1092　1/16
印　　张:8
字　　数:205 千
版　　次:2022 年 4 月　第 1 版
印　　次:2022 年 4 月　第 1 次印刷
书　　号:ISBN 978-7-114-17749-1
定　　价:29.00 元

前　言

　　土工试验是土木工程中的重要内容之一。所有的工程建设项目,包括高层建筑、高速公路、机场、铁路、桥梁、隧道及水利工程等,都与它们赖以存在的土体有着密切的关系。因此,如何有效地开展土工试验、正确地测定土的工程性质以及提供可靠的参数指标,是各类工程项目必须首先要解决的问题,对工程项目的成功建设与否起着关键作用。

　　本书可与《土质学与土力学》教材配套使用,内容按照土工试验的最新规范——中华人民共和国行业标准《公路土工试验规程》(JTG 3430—2020)编写,是教师、学生必备的试验用书,同时也可满足各类从事土木工程的技术人员掌握和运用土工试验知识的需要。根据土工试验的特点,本书强调指导性和实用性,力求详细、易懂和完整,每个试验项目内容不仅有试验方法与原理,更有详尽的操作步骤,便于读者开展和完成土工试验的全过程。通过对土工试验知识要点的学习和练习,读者能够对土工试验及其相关知识有更全面的理解和掌握,并且提高其在设计和施工中运用土力学知识的能力。

　　全书共分13章,第1章为土工试验基础知识,第2章为含水率试验,第3章为颗粒分析试验,第4章为密度试验,第5章为比重试验,第6章为界限含水率试验,第7章为击实试验,第8章为固结试验,第9章为剪切试验,第10章为承载比(CBR)试验,第11章为试验成果的分析整理方法,第12章为习题,第13章为习题参考答案。为便于读者复习和提高,本书编写的选择题、判断题以及综合题,以利于读者能举一反三,巩固和加深所学的土工试验的知识要点。

　　本书第1章、第8章、第9章、第10章、第11章、第12章、第13章由张伟(山东交通学院)编写;第4章、第5章、第7章由陈仁山(山东交通学院);第2章、第3章、第6章由李志(山东交通学院)编写。张伟负责全书的统稿工作,陈仁山、李志协助统稿。

　　全书由山东交通学院王保群教授主审,对本书提出了许多宝贵意见。本书在编写过程中得到了人民交通出版社股份有限公司的大力帮助,山东交通学院上官浩楠、宗可朋,石家庄铁道大学韩纪传在规范收集与整理中给予了诸多帮助。在此一并表示衷心的感谢。

　　本书在编写过程中引用了许多专家、学者在教学、科研、试验中积累的资料以及有关的规范和规程,在此向作者表示感谢。

　　本书在编写过程中力求做到叙述简明、重点突出、文字简练、易于自学。但限于编者水平,书中难免存在不当之处,恳请读者提出批评和建议。

编　者

2022 年 3 月

目 录

第1章 土工试验基础知识

1.1 土 的 形 成

土是由地壳表面的岩石经过物理风化、化学风化和生物风化作用之后的产物。岩石暴露在大气中,受到温度变化的影响,经常发生膨胀和收缩。不均匀的膨胀和收缩使岩石产生裂缝,同时由于长期经受风、霜、雨和雪的侵蚀以及动植物的破坏,岩石逐渐由整块岩体崩解成大小不等和形状不同的碎块,这个过程叫作物理风化。物理风化只改变岩石颗粒的大小和形状,不改变颗粒的成分。物理风化后形成的碎块与氧气、二氧化碳和水接触后,发生化学变化,变成更细的颗粒并且其成分也发生改变,产生与原来岩石成分不同的矿物,这个过程叫作化学风化。在此基础上,由于生物活动的参与,进而产生有机质的积聚,此过程即为生物风化。经过这些风化作用所形成的矿物颗粒堆积在一起,与其间贯穿的孔隙、孔隙间存在的水以及空气等集合体组成了土。

土在其形成的过程中还会受到重力、流水、冰川和风等自然力的作用使之产生运动、迁移和沉积,从而在不同的自然环境中沉积,形成不同的结构与构造,并表现出不同的工程性质。

广泛分布在地壳表面的土,主要特征是分散性、复杂性和易变性。由于土是由固体颗粒和空隙以及存在于孔隙中的水和气体组成的分散体系,土颗粒之间没有或只有很弱的连接,因而土的强度低且很容易变形。由于土是受不同自然力作用且在不同的环境下沉积形成的,其构成与性质复杂,且具有分散性和多变性,即土的性质在受到外界温度和湿度变化的影响时极易发生变化,这些特征都将反映到它的物理、化学和力学性质中。因此,土的类型及其物理力学性状是千差万别的,但在同一地质年代和相似沉积条件下,又有其相近性状的规律性。只有对具体土样进行试验,才能揭示不同类型、不同产地、不同状态土的不同的力学性质。

所有的工程建设项目,包括高层建筑、高速公路、机场、铁路、桥梁、隧道及水利工程等,都与其赖以存在的土体有着密切的关系。工程建设项目的成功与否在很大程度上取决于土体能否提供足够的承载力,取决于工程结构是否遭受超过允许的沉降和差异变形等。所以,从事土木工程的技术人员在工程实践中必然会遇到大量与土有关的工程技术问题。

在工程建设中,土往往因其用途不同而具有不同的功能。如在建筑工程中(房屋、桥梁、道路、堤坝),土是被作为建筑物的地基,用来支承建筑物传来的荷载;在路堤等工程中,土既是修筑路堤的基本材料,又是支承路堤的地基;在隧道、涵洞及地下建筑工程中,土则成为建筑物周围的介质或环境。由于用途不同,工程建设对土的性质要求也有所不同,因此,相应的试验检测内容也有所不同。

1.2 土工试验的意义

土力学是将土作为建筑物的地基、材料或介质来研究的一门学科,主要研究土的工程性质以及土在荷载作用下的应力、变形和强度问题。

纵观土力学的发展过程,从某种意义上来讲,土力学可以看作是土的试验力学。例如库仑定律、达西定律以及描述土的应力—应变关系的双曲线模型等,均是通过试验建立的。在试验的基础上,与弹性力学、塑性力学、工程地质学等相关学科进行有机结合,发展而形成一门应用学科。因此,土工试验为土力学理论的发展提供了重要依据。

当土与建筑物共同作用时,其力学性质又因受力状态、应力历史、加载速率和排水条件不同而变得更加复杂。若要对土进行全部性状的土工试验,在通常的技术条件下是有一定困难的,而且在经济方面也不合算。因此,为了便于对不同条件和状态的土进行研究,需要将试验方法统一化、标准化。

1.3 土工试验的分类

土工试验大致可分为室内土工试验和原位测试两大类。

1.3.1 室内土工试验

室内土工试验是从现场采取土样送至实验室,对土的工程性质进行测试,获得土的物理性指标(如密度、含水率、土粒相对密度等)和力学性指标(如压缩模量、抗剪强度指标等),从而为工程设计和施工提供可靠的参数。土工试验由于能进行各种模拟控制试验以及全过程和全方位的测定和观察,因此在某种程度上能满足土的计算或研究的要求。土工试验是土力学的基本内容之一,它是正确评价工程地质条件不可缺少的前提和依据,也是今后从事岩土工程设计、研究以及工程施工不可缺少的环节。

在注意到室内土工试验作用的同时,应认识其局限性:

(1)试样的数量有限。按规范要求,一层土只能取几个或几十个土样,试样总体积与其所代表的土层体积之比,相差数百万乃至数千万以上,同时,土层在其长期形成的过程中,受复杂环境条件变化的影响,使之不论是在垂直方向还是平面延续方向上,都是不均匀的,指标都有相当大的变异性。

(2)取样工具与方法对土样的扰动。运输所造成的影响,尤其对于黏土更不能忽视。试样切削成形以及操作仔细与否,也会导致某些扰动。这些扰动会使含水率、体积、土的结构、孔隙水压力等有所变化。

(3)室内试验应力条件问题。室内试验的应力条件是较理想和单一化的,如压缩试验是一维垂直方向,一般三轴仪也只是轴对称的,而实际地基中应力条件相当复杂,三个主应力常常各不相等,主应力方向、大小顺序也在变化。

1.3.2 原位测试

原位测试是指在保持岩土体天然结构、天然含水率以及天然应力状态的条件下,测试岩土体在原有位置上工程性质的测试手段。

1.3.3 两类方法比较

室内土工试验与原位测试各有优缺点,它们是相辅相成的。对于室内土工试验,由于在取样时,土样受到了不同程度的扰动,加之取样数量的局限性、在土样在运输过程中的影响以及室内试验的应力条件较理想和单一化,所以对于利用室内试验得出的岩土参数结果必须慎重处理。原位测试可以避免取土扰动对试验结果的影响,试验结果可以直接反映原位土层的物理状态,但是也存在其自身的局限性。在进行原位测试时,由于现场土的边界条件比较复杂,在计算分析时,有时还需要设置一些假定条件才能进行。此外,某些参数指标如应力路径、时间效应以及应变速率等不能用原位测试直接测定。

综上所述,正确地认识土工试验的作用及其局限性是非常重要的。土工试验的数据结果因试验方法和试验人员的操作熟练程度不同,会有较大差别。

因此,土工试验有其局限性,在通常情况下,应尽可能结合原位测试、地区经验或邻近工程的反演综合确定工程所需指标。

1.4 土工试验项目

在公路工程中,为适应公路各类工程的需要,测定土的基本工程性质,可将土工试验项目分为四个方面:

(1)物理性质试验,包括含水率、密度、比重、颗粒分析等。以上试验主要用于对土进行分类及判断土的状态。

(2)水理性质试验,包括界限含水率、稠度、膨胀率、收缩和毛细管水上升高度等。以上试验主要用于判断土的状态。

(3)力学性质试验,包括渗透、击实、压缩、黄土湿陷性、直接剪切、三轴压缩、无侧限抗压强度、承载比(CBR)及回弹模量等。以上试验主要是为设计提供参数。

(4)化学性质试验,包括酸碱度、烧失量、有机质含量、易溶盐含量、中溶盐石膏测定、难溶盐碳酸钙测定、阳离子交换量和矿物成分等。以上试验主要用于分析土的物质成分(化学成分、矿物组成)、土粒与介质溶液间的物理化学作用以及土的结构对其力学性质的影响。

上述各项试验项目在选择时,应根据不同的研究对象而有所侧重。

1.5 土样采集、运输和保管

为研究地基土的工程性质,需要从建筑场地中采集原状土样,送到实验室中进行土的各项物理力学性试验。土样的采集、运输和保管,是完成土工试验过程中极其重要的环节。尤其是对特殊土的采集和运输应特别注意,如对原状冻土在采集和运输的过程中应保持原土样温度和土样的结构以及含水率不变等。如果送到实验室的土样不符合要求,或代表性不强,则试验结果的准确性将受很大影响。

要保证试验数据的准确性和可靠性,最关键的是试验的土样要保持原状结构、密度与含水率。为取到高质量的不扰动土,要采用一套正确的取土技术,包括钻进方法、取土方法,以及包装和保存方法。

1.5.1 土样采集

采取原状土或扰动土视工程对象而定。凡属桥梁、涵洞、隧道、挡土墙、房屋建筑物的天然地基以及挖方边坡、渠道等,应采取原状土样;如为填土路基、堤坝、取土坑(场)或只要求土的分类试验者,可采取扰动土样。冻土采取原状土样时,应保持原土样温度,保持土样结构和含水率不变。

土样可在试坑、平洞、竖井、天然地面及钻孔中采取。取原状土样时,应保持土样的原状结构及天然含水率,并使土样不受扰动。用钻机取土时,土样直径不宜小于10cm,并使用专门的薄壁取土器;在试坑中或天然地面下挖取原状土时,可用有上、下盖的铁壁取土筒,打开下盖,扣在欲取的土层上,边挖筒周围土,边压土筒至筒内装满土样,然后挖断筒底土层(或左、右摆动即断),取出土筒,翻转削平筒内土样。若周围有空隙,可用原土填满,盖好下盖,密封取土筒。采取扰动土时,应先清除表层土,然后分层用四分法取样。

土样数量按相应试验项目规定采取。

取土时,应采用韧质纸和不褪色笔记录相关内容后作为标签,贴在取土筒上或折叠后放入取土袋内。取样记录内容应包含工程名称、路线里程(或地点)、开始日期、完毕日期、取样单位、采取土样的特征、试坑或钻孔编号、取土深度、土样号、取土袋号、土样名、用途、要求、试验项目或取样说明、取样人、取样日期等。对取样方法、扰动或原状、取样方向以及取土过程中出现的现象等,应记入取样说明栏内。

1.5.2 土样包装和运输

原状土或需要保持天然含水率的扰动土,在取样之后,应立即密封取土筒,即先用胶布贴封取土筒上的所有缝隙,两端盖上,用不褪色的记号笔写明"上""下"字样,以示土样层位。原状土样应保持土样结构不变;对于冻土,原状土样还应在负温下保存。

密封后的原状土在装箱之前应放于阴凉处,冻土土样应保持温度不变。

土样装箱时,应对照取样记录,确认无误后再装入。对原状土,应按上、下部位将筒立放,木箱中筒间空隙宜以软物填紧,以免在运输过程中受振、受冻。木箱上应写明编号及"小心轻放""切勿倒置""上""下"等字样。对已取好的扰动土样的土袋,在对照清点后可以装入编织袋内,扎紧袋口,编织袋上写明编号并拴上标签(如同行李签),签上注明编织袋号数、袋内共装的土袋数和土袋号。

盐渍土的扰动土样宜用塑料袋装。为防止取样记录标签在袋内湿烂,可用另一个小塑料袋装标签,再放入土袋中。

1.5.3 土样的接受与保管

土样运到试验单位后,应填写"试验委托书"。试验单位应核对验收土样,以满足试验要求。土样试验完毕,将余土标示密封保存一段时间,无人查询后即可将土样处理。

1.6 土样的制备

为保证试验成果的可靠性及试验数据的可比性,应采用统一的试样制备方法和制备程序。

试样的制备可分为原状土的试样制备和扰动土的试样制备。原状土的试样制备主要包括土样的开启、描述、切取等程序;而扰动土的试样制备程序则主要包括风干、碾散、过筛、分样和储存等准备程序以及击实等制备程序。上述程序步骤的正确与否,都会直接影响到试验成果的可靠性与准确性,因此,试样的制备是土工试验操作的第一要素。

1.6.1 原状土样的制备

原状土样,即从取土场、试坑或填方施工现场等地采取的结构未受到扰动的块状土,并在保持其原有含水率的状况下运到实验室内的土样,或指从钻孔中用原状土样取土器采取的土移入土样筒再运往实验室的土样。

用原状土样进行的土的力学性质试验可分两类:一类是将土样移入环刀中制作试件的渗透试验和固结试验等;另一类是将土样按规定尺寸成形的回弹模量试验和承载比(CBR)试验等。制作试件时,勿使土样受到扰动。试验时,对试件施加力的作用方向也需与土的原位承受天然渗透或荷载现象的方向一致。

原状土样的制备主要分为以下几个步骤:

(1)按土样上下层次小心开启原状土包装,将土样取出放正,整平两端。根据试验要求,确定环刀尺寸。

(2)在试验用的环刀内壁涂一薄层凡士林,刀口向下,放在土样上,无特殊要求时,切土方向与天然土层层面垂直。用切土刀将试件削成略大于环刀直径的土柱,然后将环刀垂直向下压,边压边削,至土样伸出环刀上部为止。切取试件时,试件与环刀要密合,削平环刀两端,擦净环刀外壁,称环刀和土的合质量,精确至 0.1g,并测定环刀两端所削下土样的含水率。

(3)切削过程中,应细心观察并记录试件的层次、气味、颜色,有无杂质,土质是否均匀,有无裂缝等。

(4)如连续切取数个试件,应使含水率不发生变化。视试件本身及工程要求,决定试件是否进行饱和,如不立即进行试验或饱和,则将试件暂存于保湿器内。

(5)切取试件后,剩余的原状土样用蜡纸包好置于保湿器内,以备补做试验用。切削的余土用于进行物理性试验。平行试验或同一组试件密度差值不大于 0.1g/cm³,含水率差值不大于2%。

(6)冻土制备原状土样时,应保持原土样温度,保持土样的结构和含水率不变。

1.6.2 扰动土样的制备

扰动土样制备分为细粒土扰动土样制备和粗粒土扰动土样制备。

细粒土扰动土样制备可以分为以下几个步骤:

(1)对扰动土样进行描述,如颜色、土类、气味及夹杂物等,如有需要,将扰动土样充分拌匀,取代表性土样进行含水率测定。

(2)将块状扰动土用木碾或粉碎机碾散,但切勿压碎颗粒。如含水率较大不能碾散,应风干至可碾散时为止。

(3)根据试验所需土样数量,将碾散后的土样过筛。例如,对于界限含水率试验(液限、塑限和缩限)土样等,需将土样过 0.5mm 筛;对于击实试验土样,需将土样过 5mm 筛。按规定过标准筛后,取出足够数量的代表性试样,然后分别装入容器内,贴上标签。标签上应注明工程名称、土样编号、过筛孔径、用途、制备日期和人员等,以备各项试验之用。若是含有较多粗砂及少量细粒土(泥沙或黏土)的松散土样,应加水润湿松散后,用四分法取出代表性试样;若是净砂,则可用匀土器取代表性试样。

(4)为配制一定含水率的试样,应取过筛的足够试验用的风干土,计算所需加水量;然后将所取土样平铺于不吸水的盆内,用喷雾设备喷洒预计的加水量,并充分拌和,然后装入容器内盖紧,润湿一昼夜备用(砂类土浸润时间可酌情缩短)。

(5)测定湿润土样不同位置的含水率(至少两个以上),要求差值满足含水率测定的允许平行差值。

(6)对不同土层的土样制备混合试样时,应根据各土层厚度,按比例计算相应质量配合,然后按上述步骤进行扰动土的制备工序。

粗粒土扰动土样制备可以分为以下几个步骤：

(1)无黏聚性的松散砂土、沙砾及砾石等制备试样，根据试验所需土样数量，将碾散后的土样过筛。按规定过标准筛后，取出足够数量的代表性试样，然后分别装入容器内，贴上标签。标签上应注明工程名称、土样编号、过筛孔径、用途、制备日期和人员等，以备各项试验之用。取出足够数量的代表性试样，用于颗粒分析试验；其余过5mm筛，筛上、筛下土样分别储存，用于比重及最大、最小孔隙比等试验；取一部分过2mm筛的土样用于力学性质试验。

(2)若沙砾土有部分黏土黏附在砾石上，可用毛刷仔细刷尽捏碎过筛，或先用水浸泡，然后用2mm筛将浸泡过的土样在筛上冲洗，取筛上及筛下具有代表性试样用于颗粒分析试验。

(3)将过筛土样或冲洗下来的土浆风干至碾散为止，再按上述细粒土扰动土样制备的(1)~(4)步进行操作。

1.6.3　扰动试件制备

根据工程需要，扰动土试样制备可以采用击实法或压样法。

(1)击实法。根据工程要求，选用相应的夯击功，采用击实仪进行击实，将制备的湿土样击实到所需的密度，用推土器推出。将试验用的切土环刀内壁涂一薄层凡士林，刃口向下，放在试件上，用切土刀将试件削成略大于环刀直径的土柱。然后将环刀垂直向下压，边压边削，至土样伸出环刀上部为止，削平环刀两端。擦净环刀外壁，称取环刀和土的合质量，精确至0.1g，并测定环刀两端所削下土样的含水率。

(2)压样法。根据工程要求，将根据环刀容积和要求干密度制备的湿土导入压膜内，抚平土样表面，以静压力将土压至一定高度，用推土器将土样推出。将试验用的切土环刀内壁涂一薄层凡士林，刃口向下，放在试件上，用切土刀将试件削成略大于环刀直径的土柱。然后将环刀垂直向下压，边压边削，至土样伸出环刀上部为止，削平环刀两端。擦净环刀外壁，称取环刀和土的合质量，精确至0.1g，并测定环刀两端所削下土样的含水率。

试件制备应尽量迅速，以免水分蒸发。对不需要饱和且不立即进行试验的试样，应存放在保湿器内备用。

试件制备的数量视试验需要而定，宜多制备1~2组备用，同一组试件或平行试件的密度、含水率与制备标准之间最大允许差值，应分别为±0.1g/cm³与2%。

1.6.4　试件饱和

土的孔隙逐渐被水填充的过程称为饱和。当土中孔隙全部被水充满时，该土称为饱和土。应根据土的性质，确定饱和方法。

(1)砂类土：可直接在仪器内浸水饱和。

(2)较易透水的黏性土：即渗透系数大于10^{-4}cm/s时，采用毛细管饱和法较为方便，或采用浸水饱和法。

(3)不易透水的黏性土：即渗透系数小于10^{-4}cm/s时，采用真空饱和法。若土的结构性较弱，则抽气可能发生扰动，而不宜采用真空饱和法。

第2章 含水率试验

2.1 概　　述

土在 105~110℃ 温度下烘干到恒重时所失去的水分质量与干土质量的比值,称为土的含水率,常以百分数表示。

土的含水率 w 是描述土干湿程度的一个重要物理指标。含水率的变化将使土的物理力学性质发生一系列的变化,如对土的状态(包括固态、半固态、可塑状态及流动状态)、土的抗剪强度、土的稳定性以及土的固结等产生影响。测定土的含水率,有助于了解土的状态。含水率是计算土的干密度、饱和度、液性指数等不可缺少的一个基本指标,也是建筑物地基、路堤等施工质量控制的重要指标。

土的天然含水率变化范围很广,从干砂的含水率接近于零到蒙脱土的含水率可达百分之几百。

2.2　试验方法及原理

土的含水率试验方法主要有烘干法、酒精燃烧法和相对密度法。其中,烘干法是测定含水率的标准方法。

2.2.1　烘干法

烘干法是将试样放在温度能保持 105~110℃ 的烘箱中烘干至恒重的方法。烘干法适用于测定黏质土、粉质土、砂类土、砾类土、有机质土和冻土等土类的含水率。

1)仪器设备

(1)烘箱:可采用电热烘箱或温度能保持 105~110℃ 的其他能源烘箱。

(2)天平:称量 200g,感量 0.01g;称量 5000g,感量 1g。

(3)其他:干燥器、称量盒、削土刀等。

烘干法测定含水率的主要仪器设备如图 2.1 所示。

2)试验步骤

(1)取有代表性试样,细粒土不少于 50g,砂类土、有机质土不少于 100g,砾类土不小于 1kg,放入称量盒内,立即盖好称量盒盖,称取质量。

(2)揭开盒盖,将试样和称量盒放入烘箱,在 105~110℃ 恒温下烘干。烘干时间对细粒土不得少于 8h,对砂类土和砾类土不得少于 6h。对有机质含量超过 5% 的土或含石膏的土,应将温度控制在 60~70℃ 的范围内,烘干时间不宜少于 24h。

(3)将烘干后的试样和称量盒取出,放入干燥器内冷却(一般为 0.5~1h)。冷却后盖好盒盖,称取质量,细粒土、砂类土和有机质土精确至 0.01g,砾类土精确至 1g。

图 2.1　烘干法测定含水率的主要仪器设备

3）试验记录

烘干法含水率试验记录表见表 2.1。

烘干法含水率试验记录表　　　　　　　　　　表 2.1

工程编号＿＿＿＿＿＿＿　　　试 验 者＿＿＿＿＿＿＿　　　土样说明＿＿＿＿＿＿＿

计 算 者＿＿＿＿＿＿＿　　　试验日期＿＿＿＿＿＿＿　　　校 核 者＿＿＿＿＿＿＿

试样编号	试样说明	盒号	盒质量（g）	盒+湿土质量(g)	盒+干土质量(g)	水分质量（g）	干土质量（g）	含水率（%）	平均含水率（%）	备注
			（1）	（2）	（3）	(4)=(2)-(3)	(5)=(3)-(1)	(6)=(4)/(5)	（7）	

4）结果整理

土的含水率可按下式计算：

$$w = \frac{m - m_s}{m_s} \times 100 \qquad (2.1)$$

式中：w ——含水率（%），精确至 0.1%；

　　　m ——湿土质量（g）；

　　　m_s ——干土质量（g）。

5）精度和允许差

本试验应进行两次平行测定，取其算术平均值，精确至 0.1%，试验允许平行差值应符合表 2.2 的规定，否则应重做。

烘干法含水率测定的允许平行差值　　　　　　　表 2.2

含水率 w（%）	允许平行差值（%）
$w \leqslant 5.0$	≤0.3
$5.0 < w \leqslant 40.0$	≤1.0
$w > 40.0$	≤2.0

8

6）注意事项

（1）试样烘干时，需要注意对温度及加热时间的控制。

（2）试样需要放入干燥器中冷却。

知 识 链 接

目前国内外主要土工试验烘干温度多数以 105～110℃为标准。试样烘干至恒量所需的时间与土类及取土数量有关，一般而言，细粒土较粗粒土时间长，且土的数量越多，所需烘干时间越长。

有机质土在 105～110℃温度下经长时间烘干后，有机质特别是腐殖酸会在烘干过程中逐渐分解而不断损失，使测得的含水率比实际的含水率大，土中有机质含量越高，误差越大。所以，对有机质含量超过 5%的土，应在 60～70℃的恒温下进行烘干。

某些含有石膏的土在烘干时会损失其结晶水，因此用本试验方法测定其含水率结果不够精准。每 1%石膏对含水率的影响约为 0.2%。如果土中有石膏，则试样应在不超过80℃的温度下烘干，并可能要烘更长的时间。

2.2.2 酒精燃烧法

酒精燃烧法是在试样中加入酒精，利用酒精能在土上燃烧，使土中水分蒸发，土样成干燥状态的方法。酒精燃烧法是快速简易且较准确测定细粒土（含有机质的土和盐渍土除外）含水率的方法，适用于没有烘箱或土样较少的情况，在现场测试中用得较多。

1）仪器设备

（1）称量盒（可定期调整为恒定质量）。

（2）天平：称量 200g，感量 0.01g；称量 1000g，感量 0.1g。

（3）酒精：纯度 95%以上。

（4）滴管、调土刀等。

2）试验步骤

（1）称取空盒的质量，精确至 0.01g。

（2）取代表性试样不小于 10g，放入称量盒内，称取盒与湿土的总质量，精确至 0.01g。

（3）用滴管将酒精注入放有试样的称量盒中，直至盒中出现自由液面为止。为使酒精在试样中充分混合均匀，可在桌面上轻轻敲击盒底。

（4）点燃盒中酒精，燃至火焰熄灭。

（5）火焰熄灭并冷却数分钟，再次用滴管滴入酒精，不得用瓶直接往盒里倒酒精，以防发生意外。如此再燃烧两次。

（6）待第三次火焰熄灭后，盖好盒盖，称取干土和盒的质量，精确至 0.01g。

3）试验记录

酒精燃烧法含水率试验记录表见表 2.3。

工程编号＿＿＿＿＿＿＿＿＿   试 验 者＿＿＿＿＿＿＿＿＿   试验日期＿＿＿＿＿＿＿＿＿

土样说明＿＿＿＿＿＿＿＿＿   计 算 者＿＿＿＿＿＿＿＿＿   校 核 者＿＿＿＿＿＿＿＿＿

试样编号	试样说明	盒号	盒质量(g)	盒+湿土质量(g)	盒+干土质量(g)	水分质量(g)	干土质量(g)	含水率(%)	平均含水率(%)	备注
			(1)	(2)	(3)	(4)=(2)-(3)	(5)=(3)-(1)	(6)=(4)/(5)	(7)	

4)结果整理

含水率可按下式计算:

$$w = \frac{m - m_{s}}{m_{s}} \times 100 \tag{2.2}$$

式中: w ——含水率(%),精确至0.1%;

     m ——湿土质量(g);

     m_{s} ——干土质量(g)。

5)精度和允许差

本试验应进行两次平行测定,取其算术平均值,并精确至0.1%。试验允许平行差值应符合表2.4的规定,否则应重做。

酒精燃烧法含水率测定的允许平行差值   表2.4

含水率 w (%)	允许平行差值(%)
$w \leqslant 5.0$	$\leqslant 0.3$
$5.0 < w \leqslant 40.0$	$\leqslant 1.0$
$w > 40.0$	$\leqslant 2.0$

6)注意事项

(1)酒精纯度要求达95%。

(2)取代表性试样时,砂类土数量应多于黏质土。

知 识 链 接

在试样中加入酒精,利用酒精在土上燃烧,使土中水分蒸发,将土样烘干,是快速简易测定且较准确的方法之一,适用于在没有烘箱的情况下对土的含水率进行快速测定。当烘干法与酒精燃烧结果有差异时,以烘干法试验结果为准。

第 3 章　颗粒分析试验

3.1　概　　述

天然土是由大小不同的颗粒所组成的。土颗粒的大小悬殊,小到几微米的胶粒,大到几十厘米的漂石均有存在。土的性质随着土粒粒径的变化而发生变化。大多数土颗粒的形状是不规则的,因此很难直接测量土粒的大小,故只能用间接的方法来定量地描述土粒的大小及各种颗粒的相对含量。

颗粒分析试验是测定土中各种粒组所占该土总质量百分数的试验方法。常用的方法有两种,可分为筛分法和沉降分析法,其中沉降分析法又有密度计法和移液管法等。对于粒径大于 0.075mm 的土粒,可用筛分法来测定,而对于粒径小于 0.075mm 的土粒,则用沉降分析方法(密度计法或移液管法)来测定。对于混合类土,则联合使用筛分法与密度计法。

土粒的大小通常以其平均直径表示。该平均直径称为粒径,又称粒度。天然土的粒径一般是连续变化的,为了描述方便,工程上常把大小相近的土粒合并为组,称为粒组。土的颗粒大小及其组成情况,通常用土中各个不同粒组的相对含量(各粒组干土质量的百分比)来表示,称为土的颗粒级配,它可用于描述土中不同粒径土粒的分布特征。

土粒的大小、形状、矿物成分及其组成情况是决定土的物理力学性质的重要因素,因此,工程上常依据颗粒组成对土进行分类。粗粒土主要是依据颗粒组成进行分类的,而细粒土由于矿物成分、颗粒形状及胶粒含量等因素,不能单以颗粒组成进行分类,而要借助于塑性图或塑性指数进行分类。根据土的颗粒组成还可大体判断土的工程性质以及供建材选料之用。

3.2　试验方法及原理

颗粒分析试验的目的在于定量地说明土的颗粒级配,即土颗粒的大小以及各种粒组占该土总质量的百分数。

3.2.1　筛分法

筛分法是将土样通过各种不同孔径的筛子,并按筛子孔径的大小将颗粒加以分组,然后再称量并计算出各个粒组占总量的百分数。其原理是将土样通过逐级减小孔径的一组标准筛,对于通过某一筛孔的土粒,可以认为其粒径恒小于该筛的孔径,反之,遗留在筛上的颗粒,可以认为其粒径恒大于该筛的孔径。这样即可把土样的大小颗粒按筛孔大小加以分组,并分别计算出各级粒组占总质量的百分数,再根据所占百分数进行归并和分类。

筛分法是测定土的颗粒组成最简单的一种试验方法,适用于分析土粒粒径范围 0.075~60mm 的土粒粒组含量和级配组成。

1)仪器设备

(1)标准筛:粗筛(圆孔)孔径为 60mm、40mm、20mm、10mm、5mm 和 2mm;细筛孔径为 2.0mm、1.0mm、0.5mm、0.25mm 和 0.075mm。

(2)天平:称量 5000g,感量 1g;称量 1000g,感量 0.01g。

(3)摇筛机。

(4)其他:烘箱、筛刷、烧杯、木碾、研钵及杵等。

筛分试验仪器设备如图 3.1 所示。

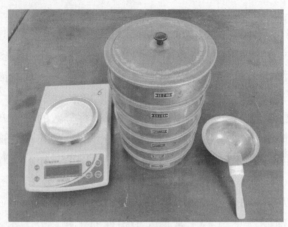

图 3.1　筛分试验仪器设备

2)试样

将土样风干,使其土中水分蒸发。从风干、松散的土样中,用四分法按照下列规定取出具有代表性的试样:

(1)最大粒径小于 2mm 的土 100~300g;

(2)最大粒径小于 10mm 的土 300~900g;

(3)最大粒径小于 20mm 的土 1000~2000g;

(4)最大粒径小于 40mm 的土 2000~4000g;

(5)最大粒径大于 40mm 的土 4000g 以上。

3)试验步骤

对于无黏聚性的土,按以下试验步骤进行试验:

(1)按规定称取试样,将试样分批过 2mm 筛。

(2)将大于 2mm 的试样按从大到小的顺序通过大于 2mm 的各级粗筛,并将留在筛上的土分别称量。

(3)2mm 筛下的土如数量过多,可用四分法缩分至 100~800g。将试样按从大到小的顺序通过小于 2mm 的各级细筛。可用摇筛机进行振摇,振摇时间一般为 10~15min。

(4)由最大孔径的筛开始,顺序将各筛取下,在白纸上用手轻叩摇晃,至每分钟筛下数量不大于该级筛余质量的 1% 为止。漏下的土粒应全部放入下一级筛内,并将留在各筛上的土样用软毛刷刷净,分别称量。

(5)筛后各级留筛和筛下土总质量与筛前试样总质量之差,不应大于筛前试样总质量的 1%。

（6）如 2mm 筛下的土不超过试样总质量的 10%，可省略细筛分析；如 2mm 筛上的土不超过试样总质量的 10%，可省略粗筛分析。

对于含有黏土粒的沙砾土，按以下试验步骤进行试验：

（1）将土样放在橡皮板上，用木碾将黏结的土团充分碾散，拌匀、烘干、称量。如土样过多，可用四分法称取代表性土样。

（2）将试样置于盛有清水的瓷盆中，浸泡并搅拌，使粗细颗粒分散。

（3）将浸润后的混合液过 2mm 筛，边冲边洗过筛，直至筛上仅留大于 2mm 的土颗粒为止。然后，将筛上洗净的砂砾烘干、称量。按以上方法进行粗筛分析。

（4）通过 2mm 筛下的混合液存放在盆中，待稍沉淀，将上部悬液过 0.075mm 洗筛，用带橡皮头的玻璃棒研磨盆内浆液，再加清水、搅拌、研磨、静置、过筛，反复进行，直至盆内悬液澄清。最后，将全部土粒倒在 0.075mm 筛上，用水冲洗，直至筛上仅留大于 0.075mm 净砂为止。

（5）将大于 0.075mm 的净砂烘干、称量，并进行细筛分析。

（6）将大于 2mm 颗粒及 2～0.075mm 的颗粒质量从原称量的总质量中减去，即为小于 0.075mm 的颗粒质量。

（7）如果小于 0.075mm 颗粒质量超过总土质量的 10%，有必要时，将这部分上烘干、取样，再作密度计或移液管分析。

4）试验记录

筛分法颗粒分析试验记录表见表 3.1。

筛分法颗粒分析试验记录表   表 3.1

工程名称＿＿＿＿＿＿＿＿＿   试 验 者＿＿＿＿＿＿＿＿＿   土样编号＿＿＿＿＿＿＿＿＿

计 算 者＿＿＿＿＿＿＿＿＿   试验日期＿＿＿＿＿＿＿＿＿   校 核 者＿＿＿＿＿＿＿＿＿

筛分前总土质量＝   小于 2mm 取试样质量＝

小于 2mm 土质量＝   小于 2mm 土占总土质量的百分比＝

粗 筛 分 析				细 筛 分 析				
孔径 （mm）	累计留筛土 质量 （g）	小于该孔径的 土质量 （g）	小于该孔径 土质量百分比 （%）	孔径 （mm）	累计留筛土 质量 （g）	小于该孔径的 土质量 （g）	小于该孔径 土质量百分比 （%）	占总土质量 百分比 （%）
60				2.0				
40				1.0				
20				0.5				
10				0.25				
5				0.075				
2								

5）结果整理

（1）按式（3.1）计算小于某粒径颗粒质量百分数：

$$X = \frac{A}{B} \times 100 \tag{3.1}$$

式中：X——小于某粒径的颗粒质量占总土质量的百分比(%)，精确至 0.1% ；

　　　A——小于某粒径的颗粒质量(g)；

　　　B——试样的总质量(g)。

（2）当小于 2mm 的颗粒用四分法缩分取样时，按式(3.2)计算试样中小于某粒径的颗粒质量占总土质量的百分数：

$$X = \frac{a}{b} \times p \times 100 \tag{3.2}$$

式中：X——小于某粒径的颗粒质量占总土质量的百分比(%)，精确至 0.1% ；

　　　a——通过 2mm 筛的试样中小于某粒径的颗粒质量(g)；

　　　b——通过 2mm 筛的土样中所取试样的质量(g)；

　　　p——粒径小于 2mm 的颗粒质量百分比(%)。

（3）在半对数坐标纸上，以小于某粒径的颗粒质量占总土质量的百分比(%)为纵坐标，以土粒直径(mm)为横坐标，绘制颗粒大小级配曲线(图 3.2)，求出各粒组的颗粒质量百分数。质量百分数以整数(%)表示。

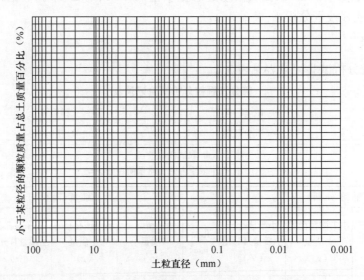

图 3.2　颗粒大小级配曲线

（4）按式(3.3)计算不均匀系数：

$$C_{\mathrm{u}} = \frac{d_{60}}{d_{10}} \tag{3.3}$$

式中：C_{u}——不均匀系数，精确至 0.1 且含两位以上有效数字；

　　　d_{60}——限制粒径，即土中小于该粒径的颗粒质量为 60% 的粒径(mm)；

　　　d_{10}——有效粒径，即土中小于该粒径的颗粒质量为 10% 的粒径(mm)。

（5）填写土粒组成试验结果记录表，见表 3.2。

14

试样编号	土 的 分 类							
	粗粒土(>0.075mm)					细粒土(<0.075mm)		
	>60(%)	砾(%)	砂(%)	$C_u = \dfrac{d_{60}}{d_{10}}$	$C_c = d_{30}^2/d_{60}d_{10}$	0.075~0.05	0.05~0.005	<0.005

6)精度和允许差

筛后各级筛上和筛底土总质量与筛前试样总质量之差,不应大于筛前试样总质量的1%,否则应重做试验。

7)注意事项

(1)用木碾或橡皮研棒研土块时,不要把颗粒研碎。

(2)过筛前应检查筛孔中是否夹有颗粒,若有应将其轻轻刷掉,同时应将筛子按孔径大小自上而下排列。

(3)摇筛机操作过程中,勿使土样丢掉或飞扬。

(4)过筛后,应检查筛孔是否夹有颗粒,若有应将其刷掉,放在此筛之上。

知 识 链 接

(1)当大于0.075mm的颗粒超过试样总质量的15%时,先进行筛分试验,然后经过洗筛,再用密度计法或移液管法进行试验。

(2)在选用分析筛的孔径时,应根据试样颗粒的粗、细情况选用。

(3)对于砾类土等颗粒较大的土样,应按其最大颗粒决定试样数量,这样比较直观且易于掌握,还可得到比较有代表性的数据。

(4)用风干土样进行筛分试验时,应按四分法取代表性试样,数量随粒径大小而异,粒径越大,数量越多。

(5)对于无黏聚性的土样,采用干筛法;对于含有部分黏土的砾类土,必须用水筛法,以保证颗粒充分分散。

3.2.2 密度计法

密度计法是指将一定量的土样(土的粒径小于0.075mm)放在量筒中,然后加纯水,经过搅拌,使土的大小颗粒在水中均匀分布,制成一定量的均匀浓度的土悬液(1000mL)。静置悬液,让土粒沉降,在土粒下沉过程中,用密度计测出在悬液中对应不同时间的不同悬液密度,根据密度计读数和土粒的下沉时间,就可计算出粒径小于某一粒径的颗粒占土样的百分数。

密度计法是依据司笃克斯(Stokes)定律进行测定的。当土粒在液体中靠自重下沉时,较大的颗粒下沉较快,而较小的颗粒下沉则较慢。一般认为,粒径为0.2~0.002mm的颗粒在液体中靠自重下沉时做等速运动,这符合司笃克斯定律。

密度计法是沉降分析法的一种,该方法适用于分析粒径小于0.075mm的细粒土。

用密度计进行颗粒分析需作下列三个假定：

（1）司笃克斯定律能适用于用土样颗粒组成的悬液。

（2）试验开始时，土的大小颗粒均匀地分布在悬液中。

（3）所采用量筒的直径较比重计直径大得多。

1）仪器设备

（1）密度计。目前通常采用的密度计有甲、乙两种，这两种密度计的制造原理及使用方法基本相同，但密度计的读数所表示的含义则是不同的。甲种密度计读数所表示的是一定量悬液中的干土质量；乙种密度计读数所表示的是悬液比重。

①甲种密度计：刻度单位以 20℃ 时每 1000mL 悬液内所含土质量的克数来表示，刻度为 −5 ~ 50，最小分度值为 0.5。

②乙种密度计：刻度单位以 20℃ 时悬液的比重表示，刻度为 0.995 ~ 1.020，最小分度值为 0.0002。

（2）量筒：容积为 1000mL，内径为 60mm，高度为（350±10）mm，刻度为 0 ~ 1000mL。

（3）细筛孔径为 2mm、1mm、0.5mm 和 0.25mm；洗筛孔径为 0.075mm。

（4）天平：称量 200g，感量 0.01g。

（5）温度计：测量范围 0 ~ 50℃，精度 0.5℃。

（6）洗筛漏斗：上口径略大于洗筛直径，下口直径略小于量筒直径。

（7）煮沸设备：电热板或电沙浴。

（8）搅拌器：底板直径 50mm，孔径约 3mm。

（9）其他：离心机、烘箱、三角烧瓶（500mL）、烧杯（400mL）、蒸发皿、研钵、木碾、称量铝盒、秒表等。

2）试剂

试剂包括浓度 25% 氨水、氢氧化钠（NaOH）、草酸钠（$Na_2C_2O_4$）、六偏磷酸钠[（$NaPO_3$）$_6$]、焦磷酸钠（$Na_4P_2O_7 \cdot 10H_2O$）等，如需进行洗盐手续，应有 10% 盐酸、5% 氯化钡、10% 硝酸、5% 硝酸银及 6% 过氧化氢等。

3）试样

密度计分析土样应采用风干土。土样应充分碾散，通过 2mm 筛（土样风干可在烘箱内以不超过 50℃ 鼓风干燥）。

4）土样分散处理

土样的分散处理采用分散剂。对于使用各种分散剂均不能分散的土样（如盐渍土等），须进行洗盐。

对于一般易分散的土，用 25% 氨水作为分散剂，其用量为 30g 土样中加氨水 1mL。对于用氨水不能分散的土样，可根据土样的 pH 值，分别采用不同分散剂。

（1）酸性土（pH<6.5）。30g 土样加 0.5mol/L 氢氧化钠 20mL。溶液配制方法：称取 20g NaOH（化学纯），加蒸馏水溶解后，定容至 1000mL，摇匀。

（2）中性土（pH = 6.5 ~ 7.5）。30g 土样加 0.25mol/L 草酸钠 18mL。溶液配制方法：称取 33.5g$Na_2C_2O_4$（化学纯），加蒸馏水溶解后，定容至 1000mL，摇匀。

（3）碱性土（pH>7.5）。30g 土样加 0.083mol/L 六偏磷酸钠 15mL。溶液配制方法：称取

16

51g(NaPO$_3$)$_6$(化学纯),加蒸馏水溶解后,定容至 1000mL,摇匀。

(4)若土的 pH 大于 8,用(NaPO$_3$)$_6$ 分散效果不好或不能分散时,则 30g 土样加 0.125mol/L 焦磷酸钠 14mL。溶液配制方法:称取 55.8g Na$_4$P$_2$O$_7$·10H$_2$O(化学纯),加蒸馏水溶解后,定容至 1000mL,摇匀。

对于强分散剂(如焦磷酸钠)仍不能分散的土,可用阳离子交换树脂(粒径大于 2mm 的)100g 放入土样中一起浸泡,不断摇荡约 2h,再过 2mm 筛,将阳离子交换树脂分开,然后加入 0.083mol/L 六偏磷酸 15mL。

对于可能含有水溶盐,采用以上方法均不能分散的土样,要进行水溶盐检验。其方法是:取均匀试样约 3g,放入烧杯内,注入 4~6mL 蒸馏水,用带橡皮头的玻璃棒研散,再加 25mL 蒸馏水,煮沸 5~10min,经漏斗注入 30mL 的试管中,塞住管口,放在试管架上静置一昼夜。若发现管中悬液有凝聚现象(在沉淀物上部呈松散絮绒状),则说明试样中含有足以使悬液中土粒成团下降的水溶盐,要进行洗盐。

5)洗盐(过滤法)

(1)将分散用的试样放入调土皿内,注入少量蒸馏水,拌和均匀。将滤纸微湿后紧贴于漏斗上,然后将调土皿中土浆迅速倒入漏斗中,并注入热蒸馏水冲洗过滤。附于皿上的土粒要全部洗入漏斗。若发现滤液混浊,须重新过滤。

(2)应经常使漏斗内的液面保持高出土面约 5mm。每次加水后,须用表面皿盖住。

(3)为了检查水溶盐是否已洗干净,可用两个试管各取刚滤下的滤液 3~5mL,管中加入数滴 10%盐酸及 5%氯化钡;另一管加入数滴 10%硝酸及 5%硝酸盐。若发现任一管中有白色沉淀,则说明土中的水溶盐仍未洗净,应继续清洗,直至检查时试管中不再发现白色沉淀时为止。将漏斗上的土样细心洗下,风干取样。

6)密度计校正

密度计在制造过程中,其浮泡体积及刻度往往不易准确。此外,密度计的刻度是以纯水为标准的,当悬液中加入分散剂后,悬液的相对密度则比原来增大,因此,密度计在使用前应对刻度、弯液面、土粒沉降距离、温度、分散剂等的影响进行校正。

(1)土粒沉降距离校正。

①测定密度计浮泡体积。在 250mL 量筒内倒入约 130mL 纯水,并保持水温为 20℃,以弯液面上缘为准,测记水面在量筒上的读数并做一标记,然后将密度计缓慢放入量筒中,使水面达密度计的最低刻度处(以弯液面上缘为准)时,测记水面在量筒上的读数并再做一标记,水面在量筒上的两个读数之差即为密度计的浮泡体积。读数应精确至 1mL。

②测定密度计浮泡体积中心。在测定密度计浮泡体积之后,将密度计垂直向上缓慢提起,并使水面恰好落在两标记的中间,此时,水面与浮泡的相切处(以弯液面上缘为准),即为密度计浮泡的中心。将密度计固定在三脚架上,用直尺量出浮泡中心至密度计最低刻度的垂直距离。

③测定 1000mL 量筒的内径(精确至 1mm),并计算出量筒的截面积。

④量出密度计最低刻度至玻璃杆上各刻度的距离,每 5 格量距 1 次。

⑤按式(3.4)计算土粒有效沉降距离:

$$L = L' - \frac{V_b}{2A} = L_1 + \left(L_0 - \frac{V_b}{2A} \right) \tag{3.4}$$

式中:L——土粒有效沉降距离(cm);

L' ——水面至密度计浮泡中心的距离(cm);

L_1 ——最低刻度至玻璃杆上各刻度的距离(cm);

L_0 ——密度计浮泡中心至最低刻度的距离(cm);

V_b ——密度计浮泡体积(cm³);

A ——1000mL 量筒的截面积(cm²)。

⑥用所量出的最低刻度至玻璃杆上各刻度的不同距离 L_1 代入式(3.4),可计算出各相应的土粒有效沉降距离 L,并绘制密度计读数与土粒有效沉降距离的关系曲线,从而根据密度计的读数就可得出土粒有效沉降距离。

(2)刻度及弯液面校正。

试验时密度计的读数是以弯液面的上缘为准的,而密度计制造时其刻度是以弯液面的下缘为准,因此应对密度计刻度及弯液面进行校正。将密度计放入 20℃纯水中,此时密度计上弯液面的上、下缘的读数之差即为弯液面的校正值。

(3)温度校正。

密度计刻度是在 20℃时刻制的,但试验时的悬液温度不一定恰好等于 20℃,而水的密度变化及密度计浮泡体积的膨胀,会影响到密度计的准确读数,因此需要加以温度校正。密度计读数温度校正值可由表 3.3 查得。

密度计读数温度校正值 表 3.3

悬液温度 (℃)	甲种密度计温度校正值 m_t	乙种密度计温度校正值 m'_t	悬液温度 (℃)	甲种密度计温度校正值 m_t	乙种密度计温度校正值 m'_t
10.0	-2.0	-0.0012	20.2	0.0	+0.0000
10.5	-1.9	-0.0012	20.5	+0.1	+0.0001
11.0	-1.9	-0.0012	21.0	+0.3	+0.0002
11.5	-1.8	-0.0011	21.5	+0.5	+0.0003
12.0	-1.8	-0.0011	22.0	+0.6	+0.0004
12.5	-1.7	-0.0010	22.5	+0.8	+0.0005
13.0	-1.6	-0.0010	23.0	+0.9	+0.0006
13.5	-1.5	-0.0009	23.5	+1.1	+0.0007
14.0	-1.4	-0.0009	24.0	+1.3	+0.0008
14.5	-1.3	-0.0008	24.5	+1.5	+0.0009
15.0	-1.2	-0.0008	25.0	+1.7	+0.0010
15.5	-1.1	-0.0007	25.5	+1.9	+0.0011
16.0	-1.0	-0.0006	26.0	+2.1	+0.0013
16.5	-0.9	-0.0006	26.5	+2.2	+0.0014
17.0	-0.8	-0.0005	27.0	+2.5	+0.0015
17.5	-0.7	-0.0004	27.5	+2.6	+0.0016
18.0	-0.5	-0.0003	28.0	+2.9	+0.0018
18.5	-0.4	-0.0013	28.5	+3.1	+0.0019
19.0	-0.3	-0.0002	29.0	+3.3	+0.0021
19.5	-0.1	-0.0001	29.5	+3.5	+0.0022
20.0	-0.0	-0.0000	30.0	+3.7	+0.0023

（4）土粒相对密度校正。

密度计刻度应以土粒比重 2.65 为准。当试样的土粒比重不等于 2.65 时，应进行土粒比重校正。密度计读数土粒比重校正值可由表 3.4 查得。

密度计读数土粒比重校正值   表 3.4

土粒相对密度	甲种密度计 C_G	乙种密度计 C'_G	土粒相对密度	甲种密度计 C_G	乙种密度计 C'_G
2.50	1.038	1.666	2.70	0.989	1.588
2.52	1.032	1.658	2.72	0.985	1.581
2.54	1.027	1.649	2.74	0.981	1.575
2.56	1.022	1.641	2.76	0.977	1.568
2.58	1.017	1.632	2.78	0.973	1.562
2.60	1.012	1.625	2.80	0.969	1.556
2.62	1.007	1.617	2.82	0.965	1.549
2.64	1.002	1.609	2.84	0.961	1.543
2.66	0.998	1.603	2.86	0.958	1.538
2.68	0.993	1.595	2.88	0.954	1.532

（5）分散剂校正。

密度计刻度是以纯水为准，当悬液中加入分散剂时，相对密度增大，故需加以校正。

注纯水入量筒，然后加分散剂，使量筒溶液达 1000mL。用搅拌器在量筒内沿整个深度上下搅拌均匀，恒温至 20℃。然后将密度计放入溶液中，测记密度计读数。此时密度计读数与 20℃时纯水中读数之差，即为分散剂校正值。

7）试验步骤

（1）将称好的风干土样倒入三角烧瓶中，注入蒸馏水 200mL，浸泡一夜。按前述规定加入分散剂。

（2）将三角烧瓶稍加摇荡后，放在电热器上煮沸 40min（当用氨水分散时，要用冷凝管装置；当用阳离子交换树脂时，则不需煮沸）。

（3）将煮沸后冷却的悬液倒入烧杯中，静置 1min，把上部悬液通过 0.075mm 筛，注入 1000mL 量筒中，杯中沉土用带橡皮头的玻璃棒细心研磨。加水入杯中，搅拌后静置 1min，再将上部悬液通过 0.075mm 筛，倒入量筒。反复进行，直至静置 1min 后，上部悬液澄清为止。最后将全部土粒倒入筛内，用水冲洗至仅有大于 0.075mm 净砂为止。注意量筒内的悬液总量不要超过 1000mL。

（4）将留在筛上的砂粒洗入皿中，风干称量，并计算各粒组颗粒质量占总土质量的百分数。

（5）向量筒中注入蒸馏水，使悬液恰为 1000mL（当用氨水作分散剂时，应再加入 25% 氨水 0.5mL，其数量包括在 1000mL 内）。

（6）用搅拌器在量筒内沿整个悬液深度上下搅拌 1min，往返各约 30 次，使悬液均匀分布。

（7）取出搅拌器，同时开动秒表。分别测记 0.5min、1min、5min、15min、30min、60min、120min、240min 及 1440min 的密度计读数，直至小于某粒径的土质量百分数小于 10% 为止。每次读数前 10~20s 将密度计小心放入量筒至约接近估计读数的深度。读数以后，取出密度计(0.5min 及 1min 读数除外),小心放入盛有清水的量筒中。每次读数后均须测记悬液温度,精确至 0.5℃。

(8)若一次做一批(20 个)土样试验,可先测记每个量筒的 0.5min 及 1min 读数,再按以上步骤将每个土样悬液重新依次搅拌一次。然后分别测记各规定时间的读数,同时在每次读数后测记悬液的温度。

(9)密度计读数均以弯月面上缘为准。甲种密度计应精确至 1,估读至 0.1;乙种密度计应精确至 0.001,估读至 0.0001。为方便读数,采用间读法,即 0.001 读作 1,而 0.0001 读作 0.1。这样既便于读数,又便于计算。

8)结果整理

(1)小于某粒径的试样质量占试样总质量的百分比按下列公式计算:

①甲种密度计:

$$X = \frac{100}{m_s} C_G (R_m + m_t + n - C_D) \tag{3.5}$$

$$C_G = \frac{G_S}{\rho_s - \rho_{w20}} \times \frac{2.65 - \rho_{w20}}{2.65} \tag{3.6}$$

式中: X ——小于某粒径的土质量百分数,精确至 0.1%;

m_s ——试样质量(干土质量)(g);

C_G ——比重校正值,由表 3.4 查得;

ρ_s ——土粒密度(g/cm³);

ρ_{w20} ——20℃时水的密度(g/cm³);

m_t ——温度校正值,由表 3.3 查得;

n ——刻度及弯月面校正值;

C_D ——分散剂校正值;

R_m ——甲种密度计读数。

②乙种密度计:

$$X = \frac{100V}{m_s} C'_G [(R'_m - 1) + m'_t + n' - C'_D] \rho_{w20} \tag{3.7}$$

$$C'_G = \frac{\rho_s}{\rho_s - \rho_{w20}} \tag{3.8}$$

式中: V ——悬液体积(1000mL);

C'_G ——比重校正值,表 3.4 查得;

n' ——刻度及弯月面校正值;

C'_D ——分散剂校正值;

R'_m ——乙种密度计读数;

m'_t ——温度校正值,由表 3.3 查得。

(2)土粒直径按式(3.9)计算:

$$d = \sqrt{\frac{1800 \times 10^4 \eta_t}{(G_s - G_{wt}) \rho_{w4} g} \times \frac{L}{t}} \tag{3.9}$$

式中：d ——土粒直径(mm)，精确至 0.0001 且含两位有效数字；

$\quad\quad \eta_t$ ——水的动力黏滞系数，由表 3.5 查得；

$\quad\quad \rho_{w4}$ ——4℃时水的密度(g/cm³)；

$\quad\quad G_s$ ——土粒比重；

$\quad\quad G_{wt}$ ——温度为 t ℃时水的比重；

$\quad\quad L$ ——某一时间 t 内的土粒沉降距离(cm)；

$\quad\quad g$ ——重力加速度(981cm/s²)；

$\quad\quad t$ ——沉降时间(s)。

水的动力黏滞系数 η_t、黏滞系数比 $\dfrac{\eta_t}{\eta_{20}}$ 　　　　　表 3.5

温度 t（℃）	动力黏滞系数 η_t（10^{-6}kPa·s）	$\dfrac{\eta_t}{\eta_{20}}$	温度 t（℃）	动力黏滞系数 η_t（10^{-6}kPa·s）	$\dfrac{\eta_t}{\eta_{20}}$
10.0	1.310	1.297	20.0	1.010	1.000
10.5	1.292	1.279	20.5	0.998	0.988
11.0	1.274	1.261	21.0	0.986	0.976
11.5	1.256	1.243	21.5	0.974	0.964
12.0	1.239	1.227	22.0	0.963	0.953
12.5	1.223	1.211	22.5	0.952	0.943
13.0	1.206	1.194	23.0	0.941	0.932
13.5	1.190	1.178	23.5	0.930	0.921
14.0	1.175	1.163	24.0	0.920	0.910
14.5	1.160	1.148	24.5	0.909	0.900
15.0	1.144	1.133	25.0	0.899	0.890
15.5	1.130	1.119	25.5	0.889	0.880
16.0	1.115	1.104	26.0	0.879	0.870
16.5	1.101	1.090	26.5	0.869	0.861
17.0	1.088	1.077	27.0	0.860	0.851
17.5	1.074	1.066	27.5	0.850	0.842
18.0	1.061	1.050	28.0	0.841	0.833
18.5	1.048	1.038	28.5	0.832	0.824
19.0	1.035	1.025	29.0	0.823	0.815
19.5	1.022	1.012	29.5	0.814	0.806

9）制图

以小于某粒径的颗粒质量百分数(%)为纵坐标，以粒径(mm)为横坐标，在半对数纸上，绘制粒径分配曲线(图3.3)，求出各粒组的颗粒质量百分数，并且不大于 d_{10} 的数据点至少有一个。

当试样中既有小于 0.075mm 的颗粒,又有大于 0.075mm 的颗粒,需要进行密度计法和筛分法联合分析时,应考虑到小于 0.075mm 的试样质量占试样总质量的百分比,即应将按式(3.5)或式(3.7)所得的计算结果,乘以小于 0.075mm 的试样质量占试样总质量的百分数,然后再分别绘制由密度计法和筛分法所得的颗粒大小分布曲线,并将两段曲线连成一条平滑的曲线。

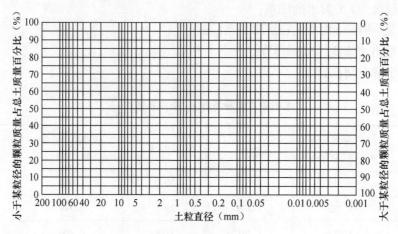

图 3.3　粒径分配曲线

10)试验记录

甲种密度计密度计法颗粒分析试验记录表见表 3.6。

密度计法颗粒分析试验记录表(甲种密度计)　　　　　　　表 3.6

工　程　名　称＿＿＿＿＿	土粒相对密度＿＿＿＿＿	试　　验　　者＿＿＿＿＿

工　程　名　称＿＿＿＿＿　　　土粒相对密度＿＿＿＿＿　　　试　　验　　者＿＿＿＿＿

土　样　编　号＿＿＿＿＿　　　相对密度校正值＿＿＿＿＿　　计　　算　　者＿＿＿＿＿

土　样　说　明＿＿＿＿＿　　　密　度　计　号＿＿＿＿＿　　校　　核　　者＿＿＿＿＿

烘干土质量＿＿＿＿＿　　　　　量　筒　编　号＿＿＿＿＿　　试　　验　日　期＿＿＿＿＿

下沉时间	悬液温度	密度计读数	温度校正值	分散剂校正值	刻度及弯月面校正	R	R_H	土粒沉降落距	粒径	小于某粒径的土质量百分数
t (min)	t (℃)	R_m	m_t	C_D	n	$R_m + m_t + n - C_D$	RC_G	L (cm)	d (mm)	X (%)
0.5										
1										
5										
15										
30										
60										
120										
240										

知 识 链 接

(1) 由于不同浓度溶液的表面张力不同,弯月面的上升高度也不同,密度计在生产后其刻度与密度计的几何形状、质量等均有关,因此,需进行刻度、有效沉降距离和弯月面的校正。

(2) 密度计法颗粒分析试验选用的试剂供分散处理和洗盐用,其中六偏磷酸钠和焦磷酸钠属强分散剂。

(3) 密度计分析用的土样采用风干土,试样质量为30g,即悬液浓度为3%。

(4) 密度计用于进行温度、土粒相对密度和分散剂的校正。

(5) 根据对分散剂和分散方法的试验研究结果,特对分散剂和分散方法作如下规定:

进行土的分散之前,用煮沸后的蒸馏水,按1:5的土水比浸泡土样,摇振3min,澄清约30min后,用酸度计或pH试纸测定土样悬液的pH值。按照酸性土(pH≤6.5)、中性土(6.5<pH≤7.5)、碱性土(pH>7.5)分别选用分散剂。这样,就可避免采用一种分散剂所带来的偏差。

对酸性土(30g土样),加0.5mol/L氢氧化钠20mL;对中性土(30g土样),加0.25mol/L草酸钠18mL;对碱性土(30g土样),加0.083mol/L六偏磷酸钠15mL。若土的pH值大于8,六偏磷酸钠分散效果不好或不好分散时,另用30g土样加0.125mol/L焦磷酸钠14mL进行分散。加入以上分散剂稍加振荡,煮沸40min,即可分散。

对于用强分散剂(如焦磷酸钠)仍不能分散的土样,可用阳离子树脂(粒径大于2mm)100g投入浸泡的土样中,不断搅拌,使之进行交换,历时约2h,观察其不起泡时为止,说明此时离子交换基本完成。再过2mm筛,将阳离子树脂与土样悬液分开,然后在土样悬液中加入0.083mol/L六偏磷酸钠15mL,不煮沸即可分散。交换后的树脂,加盐酸处理,使之恢复后,仍能继续使用。

(6) 本试验规定对易溶盐含量超过总量0.5%的土样须进行洗盐,采用过滤法。

洗盐的检验方法,采用目测法,此外尚可采用"电导法",其具体操作方法详见有关的试验规程。电导法效率高,操作方便、准确。它的原理是:电导率在低浓度溶液范围内,与悬液中易溶盐成正比关系。由于导电率因盐性不同其值也不一样,故应对不同地区不同盐性的土类做标准样试验。

当对含有易溶盐超过0.5%的土进行密度计或移液管法颗粒分析时,若不洗盐,将对试验结果产生显著的影响。

(7) 密度计法颗粒分析试验试验所规定的试验步骤适用于甲、乙两种密度计。

第4章 密 度 试 验

4.1 概 述

土的密度 ρ 是指土的单位体积质量,其单位为 g/cm^3。一般土的密度为 $1.60 \sim 2.20g/cm^3$。当用国际单位制计算重力 W 时,由土的质量产生的单位体积的重力称为重力密度 γ,简称为重度;重力等于质量乘以重力加速度,因此重度由密度乘以重力加速度 g 求得,其单位为 kN/m^3,即 $\gamma = \rho g$。

土的密度一般是指土的湿密度 ρ,相应的重度称为湿重度 γ,除此以外,还有土的干密度 ρ_d、饱和密度 ρ_{sat} 和有效密度 ρ',相应的有干重度 γ_d、饱和重度 γ_{sat} 和有效重度 γ'。

土的密度反映了土体结构的松紧程度,是计算土的自重应力、干密度、孔隙比、孔隙度等指标的重要依据,也是土坡稳定性验算、挡土墙土压力计算、地基承载力和沉降量估算以及路基路面施工填土压实度控制的重要指标之一。

密度是土的基本物理性质指标之一,在室内试验或野外勘查以及施工质量控制中,均须进行密度测试。

4.2 试验方法及原理

测定密度常用的试验方法有环刀法、蜡封法、灌砂法、灌水法等。环刀法操作简便而准确,在室内和野外都得到广泛采用,但该方法有一定局限性;当针对坚硬易碎、难以切削、含有粗粒,且形状不规则的土样时,不宜采用环刀法,而需采用蜡封法;在野外,对于现场粗粒土,则可采用灌砂法或灌水法等。

4.2.1 环刀法

环刀法即采用一定体积的环刀切削土样,使土按环刀形状充满其中,测量环刀中土的质量。环刀内土的质量与环刀体积之比即为土的密度。

环刀法适用于测定不含砾石颗粒的细粒土的密度。

1)仪器设备

(1)环刀:内径 $6 \sim 8cm$,高 $2 \sim 5.4cm$,壁厚 $1.5 \sim 2.2mm$。

(2)天平:感量 $0.01g$。

(3)其他:削土刀、钢丝锯、凡士林等。

环刀法密度试验主要仪器设备如图 4.1 所示。

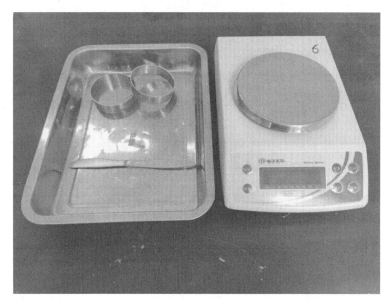

图 4.1　环刀法密度试验主要仪器设备

2）试验步骤

（1）按工程需要取原状土或制备所需状态的搅动土样,整平两端,环刀内壁涂一薄层凡士林,刀口向下放在土样上。

（2）用修土刀或钢丝锯将土样上部削成略大于环刀直径的土柱,然后将环刀垂直下压,边压边削,至土样伸出环刀上部为止。削去两端余土,使土样与环刀口面齐平,并用剩余土样测定含水率。

（3）擦净环刀外壁,称取环刀与土的合质量 m_1,精确至 0.01g。

3）结果整理

分别按式(4.1)、式(4.2)计算土的湿密度及干密度:

$$\rho = \frac{m_1 - m_2}{V} \tag{4.1}$$

$$\rho_d = \frac{\rho}{1 + 0.01w} \tag{4.2}$$

式中: ρ ——土的湿密度(g/cm^3),精确至 0.01g/cm^3 ;

　　 m_1 ——环刀与土的合质量(g);

　　 m_2 ——环刀质量(g);

　　 V ——环刀体积(cm^3);

　　 ρ_d ——土的干密度(g/cm^3),精确至 0.01g/cm^3 ;

　　 w ——含水率(%)。

4）试验记录

环刀法密度试验记录表见表4.1。

土样编号	土样类别	环刀编号	环刀容积（cm³）	环刀质量（g）	土+环刀质量（g）	土样质量（g）	湿密度（g/cm³）	含水率（%）	干密度（g/cm³）	平均干密度（g/cm³）
						(4)	(5)	(6)	(7)	
			(1)	(2)	(3)	(3)-(2)	$\dfrac{(4)}{(1)}$		$\dfrac{(5)}{1+0.01(6)}$	

5) 精度和允许差

试验应进行两次平行测定,其平行差值不得大于 0.03g/cm³,否则应重做。密度取其算术平均值,精确至 0.01g/cm³。

6) 注意事项

环刀法只能用于测定不含砾石颗粒的细粒土的密度。

知 识 链 接

在室内做密度试验,考虑到与剪切、固结等项试验所用环刀相配合,规定室内环刀容积为 60~150cm³。施工现场检查填土压实密度时,由于每层土压实度上下不均匀,为提高试验结果的精度,可增大环刀容积,一般采用的环刀容积为 200~500cm³。

环刀高度与直径之比对试验结果有影响。根据钻探机具、取土器的筒高和直径的大小,确定室内试验使用的环刀直径为 6~8cm,高 2~5.4cm;野外采用的环刀规格尚不统一,径高比一般以 1~1.5 为宜。

环刀壁越厚,压入时土样扰动程度也越大,所以环刀壁越薄越好。但环刀压入土中时,需承受相当的压力,壁过薄,环刀容易破损和变形。因此,建议一般壁厚用 1.5~2.2mm。

4.2.2　蜡封法

蜡封法即将不规则的土样称其自然质量后,浸入熔化的石蜡中,使土样被石蜡所包裹,而后称其在空气中的质量与在水中的质量,并按公式计算土样密度。

蜡封法的试验原理是依据阿基米德原理,即物体在水中失去的重量等于排开同体积水的重量,来测出土的体积。为考虑土体浸水后崩解、吸水等问题,应在土体外涂一层蜡。

蜡封法适用于坚硬易碎裂、难以切削和形态不规则的坚硬土。

1）仪器设备

（1）天平：感量 0.01g。
（2）其他：烧杯、细线、石蜡、针、削土刀等。

2）试验步骤

（1）用削土刀切取体积大于 30cm³ 的试件，削除试件表面的松、浮土以及尖锐棱角，在天平上称量，精确至 0.01g。取代表性土样进行含水率测定。

（2）将石蜡加热至刚过熔点，用细线系住试件浸入石蜡中，使试件表面覆盖一薄层严密的石蜡，若试件蜡膜上有气泡，需用热针刺破气泡，再用石蜡填充针孔，涂平孔口。

（3）待冷却后，在天平上称量蜡封试件，精确至 0.01g。

（4）用细线将蜡封试件置于天平一端，使其浸浮在盛有纯水的烧杯中，注意试件不要接触烧杯壁，称取蜡封试件的水下质量，精确至 0.01g，并测量纯水的温度。

（5）将蜡封试件从水中取出，擦干石蜡表面水分，在空气中称取其质量。将其与试验步骤（3）中所称取的质量相比，若质量增加，表示水分进入试件中；若浸入水分质量超过 0.03g，应重做。

3）试验结果整理

分别按式（4.3）、式（4.4）计算土的湿密度和干密度：

$$\rho = \frac{m}{\dfrac{m_1 - m_2}{\rho_{wt}} - \dfrac{m_1 - m}{\rho_n}} \tag{4.3}$$

$$\rho_d = \frac{\rho}{1 + 0.01w} \tag{4.4}$$

式中：ρ ——土的湿密度（g/cm³），精确至 0.01g/cm³；

ρ_d ——土的干密度（g/cm³），精确至 0.01g/cm³；

m ——试件质量（g）；

m_1 ——蜡封试件质量（g）；

m_2 ——蜡封试件水中质量（g）；

ρ_{wt} ——纯水在 t℃时的密度（g/cm³），精确至 0.001g/cm³；

ρ_n ——石蜡密度（g/cm³），应事先实测，精确至 0.01g/cm³；一般可采用 0.92g/cm³；

w ——含水率（%）。

4）试验记录

蜡封法密度试验记录表见表 4.2。

工程名称＿＿＿＿＿＿＿　　　土样说明＿＿＿＿＿＿＿　　　试验日期＿＿＿＿＿＿＿

试　验　者＿＿＿＿＿＿＿　　　计　算　者＿＿＿＿＿＿＿　　　校　核　者＿＿＿＿＿＿＿

土样编号	试件质量 (g)	蜡封试件质量 (g)	蜡封试件水中质量 (g)	温度 (℃)	水的密度 (g/cm³)	蜡封试件体积 (cm³)	蜡体积 (cm³)	试件体积 (cm³)	湿密度 (g/cm³)	备注
	(1)	(2)	(3)	(4)		(5)	(6)	(7)	(8)	
计算方法						$\dfrac{(2)-(3)}{(4)}$	$\dfrac{(2)-(1)}{\rho_n}$	(5)-(6)	$\dfrac{(1)}{(7)}$	
1A										
2A										
平均										
土样编号						A				
平均湿密度(g/cm³)	(9)									
平均含水率(%)	(10)									
平均干密度(g/cm³)	(11)		$\dfrac{(9)}{1+0.01\times(10)}$							

5) 精度和允许差

试验应进行两次平行测定,其平行差值不得大于 0.03g/cm³,否则应重做。密度取其算术平均值,精确至 0.01g/cm³。

> **知 识 链 接**
>
> 蜡封试样在水中的质量,是指试样在水中的重力与浮力之差;蜡封试样的质量和蜡封试样在纯水中的质量之差,与纯水在 t℃时密度的比值,即为蜡封试样的体积;当再减去试样上蜡的体积之后,即得风干土样的体积。
>
> 密度试验中使用的石蜡,选用 55 号石蜡,其密度以实测为准。如无条件实测,采用其密度的近似值 0.92g/cm³ 进行计算。测定石蜡的密度,根据阿基米德原理,采用静水力学天平称量法或采用 500~1000mL 广口瓶相对密度法进行。
>
> 封蜡时,为避免易碎裂土的扰动和蜡封试样内气泡的产生,试验采用一次徐徐浸蜡的方法。

4.2.3 灌水法

灌水法是在现场挖坑后灌水,由水的体积来测量试坑容积,从而测定土的密度的方法。该方法适用于现场测定粗粒土和巨粒土的密度,特别是巨粒土的密度,从而为粗粒土和巨粒土提供施工现场检验密实度的手段。

1) 仪器设备

(1)座板:中部开有圆孔,外沿呈方形或圆形的铁板,圆孔处设有环套,套孔的直径为土中所含最大石块粒径的3倍。

(2)薄膜:聚乙烯塑料薄膜。

(3)储水筒:直径应均匀,并附有刻度。

(4)电子秤:称量50kg,感量5g。

(5)其他:铁镐、铁铲、水平仪等。

2) 试验步骤

(1)根据试样最大粒径,宜按表4.3确定试坑尺寸。

表4.3

试 坑 尺 寸

试样最大粒径(mm)	试坑尺寸	
	直径(mm)	深度(mm)
5~20	150	200
40	200	250
60	250	300
200	800	层厚

(2)按确定的试坑直径划出坑口轮廓线。将测点处的地表整平,地表的浮土、石块、杂物等应予清除,坑凹处用砂铺整。用水平仪检查地表是否水平。

(3)将座板固定于整平后的地表上。将聚乙烯塑料膜沿环套内壁及地表紧贴铺好。记录储水筒初始水位高度,拧开储水筒的注水开关,从环套上方将水缓缓注入,至刚满不外溢为止。记录储水筒水位高度,计算座板部分的体积。在保持座板原固定状态下,将薄膜盛装的水排至对该试验不产生影响的场所,然后将薄膜揭离底板。

(4)在轮廓线内下挖至要求深度,将落于坑内的试样装入盛土容器内,并测定含水率。

(5)用挖掘工具沿座板上的孔挖试坑,为了使坑壁与塑料薄膜易于紧贴,对坑壁需加以整修。将塑料薄膜沿坑底、坑壁紧密相贴地铺好。在往薄膜形成的袋内注水时,牵住薄膜的某一部位,一边拉松,一边注水,以使薄膜与坑壁间的空气得以排出,从而提高薄膜与坑壁的密贴程度。

(6)记录储水筒内初始水位高度,拧开储水筒的注水开关,将水缓缓注入塑料薄膜中。当水面接近环套的上边缘时,将水流调小,直至水面与环套上边缘齐平时关闭注水管,持续3~5min,记录储水筒内水位高度。

3) 结果整理

(1)细粒与石料应分开测定含水率。按式(4.5)求出整体的含水率:

$$w = w_{\mathrm{f}}p_{\mathrm{f}} + w_{\mathrm{c}}(1 - p_{\mathrm{f}}) \tag{4.5}$$

式中:w ——整体含水率(%),精确至0.1%;

w_{f} ——细粒土部分的含水率(%);

w_{c} ——石料部分的含水率(%);

p_{f} ——细粒料的干质量与全部材料干质量之比。

细粒料与石块的划分以粒径 60mm 为界。

(2)按式(4.6)计算座板部分的容积：

$$V_1 = (h_1 - h_2) A_w \tag{4.6}$$

式中：V_1——座板部分的容积(cm^3)，精确至 0.01 cm^3；

h_1——座板部分注水前储水筒水位高度(cm)；

h_2——座板部分注水后储水筒水位高度(cm)；

A_w——储水筒断面积(cm^2)。

(3)按式(4.7)计算试坑容积：

$$V_p = (H_1 - H_2) A_w - V_1 \tag{4.7}$$

式中：V_p——试坑容积(cm^3)，精确至 0.01cm^3；

H_1——试坑注水前储水筒水位高度(cm)；

H_2——试坑注水后储水筒水位高度(cm)；

A_w——储水筒断面积(cm^2)；

V_1——座板部分的容积(cm^3)。

(4)分别按式(4.8)、式(4.9)计算试样湿密度及干密度：

$$\rho = \frac{m_p}{V_p} \tag{4.8}$$

$$\rho_d = \frac{\rho}{1 + 0.01w} \tag{4.9}$$

式中：ρ——试样湿密度(g/cm^3)，精确至 0.01g/cm^3；

m_p——取自试坑内的试样质量(g)；

ρ_d——试样干密度(g/cm^3)，精确至 0.01g/cm^3；

w——含水率(%)。

4)试验记录

灌水法密度试验记录表见表 4.4。

灌水法密度试验记录表 表 4.4

工程名称＿＿＿＿＿＿＿＿＿＿ 试 验 者＿＿＿＿＿＿＿＿＿ 土样编号＿＿＿＿＿＿＿＿＿

计 算 者＿＿＿＿＿＿＿＿＿＿ 试坑深度＿＿＿＿＿＿＿＿＿ 校 核 者＿＿＿＿＿＿＿＿＿

试样最大粒径＿＿＿＿＿＿＿＿ 试验日期＿＿＿＿＿＿＿＿＿

测　　点			1	2
项目		计算方法		
座板部分注水前储水筒水位高度	h_1　（cm）	(1)		
座板部分注水后储水筒水位高度	h_2　（cm）	(2)		
储水筒断面积	A_w　（cm^2）	(3)		

测　点			1	2
项目		计算方法		
座板部分的容积	$V_1 = (h_1 - h_2)A_w (\text{cm}^3)$ (4)	[(1)-(2)]×(3)		
试坑注水前储水筒水位高度	H_1 （cm） (5)			
试坑注水后储水筒水位高度	H_2 （cm） (6)			
试坑容积	$V_p = (H_1 - H_2)A_w - V_1 (\text{cm}^3)$ (7)	[(5)-(6)]×(3)-(4)		
取自试坑内的试样质量	m_p （g） (8)			
试样湿密度	$\rho = \dfrac{m_p}{V_p}$ （g/cm³） (9)	$\dfrac{(8)}{(7)}$		
细粒土部分含水率	w_f （%） (10)			
石料部分含水率	w_c （%） (11)			
细粒料干质量与全部干质量之比	p_f (12)			
整体含水率	$w = w_f p_f + w_c(1 - p_f)$ （%） (13)	(10)×(12)+(11)×[1-(12)]		
试样干密度	$\rho_d = \dfrac{\rho}{1 + 0.01\omega}$ （g/cm³） (14)	$\dfrac{(9)}{1 + 0.01w}$		

5)精度和允许差

灌水法密度试验应进行两次平行测定,两次测定的差值不得大于 0.03g/cm³,否则应重做。取两次测值的平均值作为测定结果。

4.2.4 灌砂法

灌砂法是在现场挖坑后灌标准砂,由标准砂的质量和密度来测量试坑容积,从而测定土密度的方法,该方法适用于现场测定路基土的密度。

灌砂法适用于现场测定细粒土、砂类土和砾类土的密度。试样最大粒径不得超过 60mm,测定密度层的厚度为 150~200mm。在测定细粒土密度时,可以采用直径为 100mm 的小型灌砂筒。若最大粒径超过 15mm,则灌砂筒和现场试洞的直径应为 150~200mm,灌砂筒的直径宜大于最大粒径的 3 倍。

1)仪器设备

(1)灌砂筒。灌砂筒的形式和主要尺寸如图 4.2 所示。灌砂筒主要分两部分:上部为储砂筒,筒底中心有一个圆孔;下部装一倒置的圆锥形漏斗,漏斗上端开口,开口直径与储砂筒的圆孔直径相等。漏斗焊接在一块铁板上,铁板中心有一圆孔与漏斗上开口相接。在储砂筒筒底与漏斗顶端铁板之间设有开关。开关为一薄铁板,一端与筒底及漏斗铁板铰接在一起,另一端伸出筒身外,开关铁板上也有圆孔。将开关向左移动时,开关铁板上的圆孔恰好与筒底圆孔及漏斗上开口相对,即三个圆孔在平面上重叠在一起,砂就可通过圆孔自由落下。将开关向右移动时,开关将筒底圆孔堵塞,砂即停止下落。

(2)金属标定罐,上端周围有一罐缘。

(3)基板。基板为一个边长350mm、深40mm的金属方盘,盘中心有一圆孔,直径与灌砂筒直径相同。

(4)玻璃板。玻璃板为边长约500mm的方形板。

(5)充电式天平称量15kg,感量1g;天平称量1000g,感量0.01g。

(6)量砂。量砂为粒径0.25~0.5mm、清洁干燥的均匀砂,质量为20~40kg。应先烘干,并放置足够时间,使其与空气的温度达到平衡。

(7)其他。其他仪器设备包括打洞工具,如凿子、铁锤、长把勺、长把小簸箕、毛刷等;烘干设备。

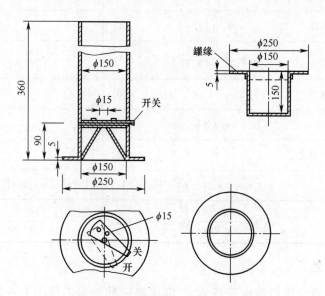

图4.2 灌砂筒和标定罐(尺寸单位:mm)

2)仪器标定

(1)确定灌砂筒下部圆锥体内砂的质量。

①在储砂筒内装满砂,筒内砂的高度与筒顶的距离不超过15mm,称取灌砂筒和筒内砂的总质量 m_1,精确至1g。每次标定及随后的试验都维持该质量不变。

②将开关打开,让砂流出,并使流出砂的体积与工地所挖试洞的体积相当(或等于标定罐的容积);然后关上开关,称取灌砂筒和筒内砂的质量 m_5,精确至1g。

③将灌砂筒放在玻璃板上,打开开关,让砂流出,直到筒内砂不再下流时,关上开关,并小心地取走灌砂筒。

④收集并称量留在玻璃板上的砂或称量筒内的砂,精确至1g。玻璃板上的砂就是填满灌砂筒下部圆锥体的砂。

⑤重复上述测量,至少三次,最后取其平均值 m_2,精确至1g。

(2)确定量砂的密度。

①用水确定标定罐的容积 V。

a.将空罐放在电子秤上,使罐的上口处于水平位置,读记罐质量 m_7,精确至1g。

b.向标定罐中灌水,注意不要将水洒到电子秤或罐的外壁上;将一直尺放在罐顶,当罐中

32

水面快要接近直尺时,用滴管往罐中加水,直到水面接触直尺;移去直尺,读记罐和水的总质量 m_8。

c.重复测量时,仅需用吸管从罐中取出少量水,并用滴管重新将水加满到接触直尺。

d.标定罐的体积 V 按式(4.10)计算:

$$V = (m_8 - m_7) / \rho_w \qquad (4.10)$$

式中: V ——标定罐的容积(cm^3),精确至 $0.01cm^3$;

　　　m_7 ——标定罐质量(g);

　　　m_8 ——标定罐和水的总质量(g);

　　　ρ_w ——水的密度(g/cm^3)。

②在储砂筒中装入质量为 m_1 的砂,并将灌砂筒放在标定罐上,打开开关,让砂流出,直到储砂筒内的砂不再下流时,关闭开关;取下灌砂筒,称取灌砂筒和筒内剩余砂的总质量 m_3,精确至 1g。

③重复上述测量,至少三次,最后取其平均值 m_3,精确至 1g。

④按式(4.11)计算填满标定罐所需砂的质量 m_a:

$$m_a = m_1 - m_2 - m_3 \qquad (4.11)$$

式中: m_a ——灌砂的质量(g),精确至 1g;

　　　m_1 ——灌砂入标定罐前,灌砂筒和筒内砂的总质量(g);

　　　m_2 ——灌砂筒下部圆锥体内砂的平均质量(g);

　　　m_3 ——灌砂入标定罐后,灌砂筒和筒内剩余砂的总质量(g)。

⑤按式(4.12)计算量砂的密度 ρ_s:

$$\rho_s = \frac{m_a}{V} \qquad (4.12)$$

式中: ρ_s ——砂的密度(g/cm^3),精确至 $0.01g/cm^3$;

　　　m_a ——砂的质量(g);

　　　V ——标定罐的容积(cm^3)。

3)试验步骤

(1)在试验地点,选一块约 40cm×40cm 的平坦表面,并将其清扫干净;称取灌砂筒和砂的总质量 m_5。如表面的粗糙度较大,则将基板放在此平坦表面上;则将盛有量砂的灌砂筒放在基板中间的圆孔上;打开灌砂筒开关,让砂流入基板的中孔内,直到储砂筒内的砂不再下流时关闭开关;取下灌砂筒,并称取筒内砂的质量 m_6,精确至 1g。

(2)取走基板,将留在试验地点的量砂收回,重新将表面清扫干净;将基板放在清扫干净的表面上,沿基板中孔凿洞,洞的直径为 100mm。在凿洞过程中,应注意不使凿出的试样丢失,并随时将凿松的材料取出,放在已知质量的塑料袋内,密封。试洞的深度应与标定罐高度接近或一致。凿洞毕,称此塑料袋中全部试样质量,精确至 1g。此减去已知塑料袋质量后,即为试样的总质量 m_t。

(3)从挖出的全部试样中取有代表性的样品,测定其含水率 w。

(4)将基板安放在试洞上,将灌砂筒安放在基板中间(储砂筒内放满砂至恒量 m_1),使灌砂筒的下口对准基板的中孔及试洞。打开灌砂筒开关,让砂流入试洞内。关闭开关,小心取走灌砂筒,称量筒内剩余砂的质量 m_4,精确至 1g。

(5)如清扫干净的平坦的表面上粗糙度不大,则不需放基板,将灌砂筒直接放在已挖好的试洞上。打开筒的开关,让砂流入试洞内。在此期间,应注意勿碰动灌砂筒。直到储砂筒内的砂不再下流时,关闭开关。仔细取走灌砂筒,称量筒内剩余砂的质量 m_4,精确至 1g。

(6)取出试洞内的量砂,以备下次试验时再用。若量砂的湿度已发生变化或量砂中混有杂质,则应重新烘干,过筛,并放置一段时间,使其与空气的湿度达到平衡后再用。

(7)当试洞中有较大孔隙,量砂可能进入孔隙时,则应按试洞外形,松弛地放入一层柔软的纱布,然后再进行灌砂工作。

4)试验结果整理

(1)按式(4.13)、式(4.14)分别计算填满试洞所需砂的质量 m_b:

灌砂时试洞上放有基板的情况下:

$$m_b = m_1 - m_4 - (m_5 - m_6) \tag{4.13}$$

灌砂时试洞上不放基板的情况下:

$$m_b = m_1 - m'_4 - m_2 \tag{4.14}$$

式中: m_b ——砂的质量(g);

$\quad m_1$ ——灌砂入试洞前筒和砂的总质量(g);

$\quad m_2$ ——灌砂筒下部圆锥体内砂的平均质量(g);

m_4、m'_4 ——灌砂入试洞后,筒和筒内剩余砂的总质量(g);

$(m_5 - m_6)$ ——灌砂筒下部圆锥体内及基板和粗糙表面间砂的总质量(g)。

(2)按式(4.15)计算试验地点土的湿密度:

$$\rho = \frac{m_t}{m_b}\rho_s \tag{4.15}$$

式中:ρ ——土的湿密度(g/cm^3),精确至 $0.01g/cm^3$;

$\quad m_t$ ——试洞中取出的全部土样的质量(g);

$\quad m_b$ ——填满试洞所需砂的质量(g);

$\quad \rho_s$ ——量砂的密度(g/cm^3)。

(3)按式(4.16)计算土的干密度:

$$\rho_d = \frac{\rho}{1 + 0.01w} \tag{4.16}$$

式中:ρ_d ——土的干密度(g/cm^3),精确至 $0.01g/cm^3$;

$\quad \rho$ ——土的湿密度(g/cm^3);

$\quad w$ ——土的含水率(%)。

5)试验记录

灌砂法密度试验记录表见表 4.5。

工程名称＿＿＿＿＿＿＿＿＿　　　土样说明＿＿＿＿＿＿＿＿＿　　　试验日期＿＿＿＿＿＿＿＿＿

试 验 者＿＿＿＿＿＿＿＿＿　　　计 算 者＿＿＿＿＿＿＿＿＿　　　校 核 者＿＿＿＿＿＿＿＿＿

砂的密度＿＿＿＿＿＿＿＿＿

取样桩号	取样位置	试洞中湿土样质量 m_t (g)	灌满试洞后剩余砂质量 m_4, m'_4 (g)	试洞内砂质量 m_b (g)	湿密度 ρ (g/cm³)	含水率测定							干密度 ρ_d (g/cm³)
						盒号	称量盒+湿土质量 (g)	称量盒+干土质量 (g)	称量盒质量 (g)	干土质量 (g)	水质量 (g)	含水率 (g)	

6) 精度和允许差

试验应进行两次平行测定,两次测定的差值不得大于 0.03g/cm^3,否则应重做。取两次测定值的平均值作为测定结果。

知 识 链 接

(1)灌砂法一般在现场应用。灌砂法是利用均匀颗粒的砂,由一定高度下落到一规定容积的筒或洞内,按其单位重量不变的原理来测量试洞的容积。

(2)用灌砂法测量试洞的容积时,其准确度和精度受以下因素的影响:

①标定罐的深度。标定罐的深度减少 2.5cm,砂的密度约降低 1%。因此,标定罐的深度应与试洞的深度一致。

②储砂筒中砂面的高度。储砂筒中砂面的高度降低 5cm,砂的密度约降低 1%。因此,现场测量时,储砂筒中的砂面高度与标定砂的密度时储砂筒中的砂面高度一致。

第5章 比 重 试 验

5.1 概 述

土粒比重是土粒在温度 105~110℃ 下烘至恒重时的质量与同体积 4℃ 时蒸馏水质量的比值。在数值上,土粒比重等于土粒密度,但土粒比重无量纲。

土粒比重主要取决于土的矿物成分,不同土类的土粒比重变化幅度不大,在有经验的地区可按经验值选用。对于一般土而言,其砂土的土粒比重为 2.65~2.69,砂质粉土的土粒比重约为 2.70,黏质粉土的土粒比重约为 2.71,粉质黏土的土粒土比重为 2.72~2.73,黏土的土粒比重为 2.74~2.76。土的比重是土的基本物理性质之一,是计算孔隙比、孔隙率、饱和度等的重要依据,也是评价土类的主要指标。

5.2 试验方法及原理

根据土粒粒径的不同,土的比重试验可分别采用比重瓶法、浮称法或虹吸筒法进行。对于粒径小于 5mm 的土,采用比重瓶法测定,其中排除土中空气可用煮沸法和真空抽气法;对于粒径大于或等于 5mm 的土,且其中粒径大于或等于 20mm 的土质量小于总土质量的 10% 时,采用浮称法测定;对于粒径大于或等于 5mm 的土,其中粒径大于或等于 20mm 的土质量大于总土质量的 10% 时,采用虹吸筒法测定;当土中同时含有粒径小于 5mm 和粒径大于或等于 5mm 的土粒时,粒径小于 5mm 的部分用比重瓶法测定,粒径大于或等于 5mm 的部分则用浮称法或虹吸筒法测定,并取其加权平均值作为土粒的比重。

5.2.1 比重瓶法

比重瓶法的基本原理就是由称好质量的干土放入盛满水的比重瓶的前后质量差异,来计算土粒的体积,从而进一步计算出土粒比重。

1) 仪器设备

(1) 比重瓶:容量 100mL(或 50mL) 。

(2) 天平:称量 200g,感量 0.001g。

(3) 恒温水槽:灵敏度 ±1℃ 。

(4) 沙浴。

(5) 真空抽气设备。

(6) 温度计:刻度为 0~50℃ ,分度值为 0.5℃ 。

(7) 其他:烘箱、纯水、中性液体(如煤油)、孔径 2mm 及 5mm 筛、漏斗、滴管等。

2) 比重瓶校正

(1)将比重瓶洗净、烘干,称取比重瓶质量,精确至 0.001g。

(2)将煮沸后冷却的纯水注入比重瓶。对长颈比重瓶注水至刻度处,对短颈比重瓶应注满纯水,塞紧瓶塞,多余水分自瓶塞毛细管中溢出。调节恒温水槽至 5℃ 或 10℃,然后将比重瓶放入恒温水槽内,直至瓶内水温稳定。取出比重瓶,擦干外壁,称取瓶、水总质量,精确至 0.001g。

(3)以 5℃ 级差,调节恒温水槽的水温,逐级测定不同温度下的比重瓶、水总质量,至达到本地区最高自然气温为止。每个温度时均应进行两次平行测定,两次测定的差值不得大于 0.002g,取两次测值的平均值。绘制温度与瓶、水总质量的关系曲线。

3) 试验步骤

(1)将比重瓶烘干,将 15g 烘干土装入 100mL 比重瓶内(若用 50mL 比重瓶,装烘干土约 12g),称量。

(2)为排除土中空气,应将已装有干土的比重瓶,注蒸馏水至瓶的一半处,摇动比重瓶,待土样浸泡 20h 以上,再将瓶在沙浴中煮沸,煮沸时间自悬液沸腾时算起,砂及低液限黏土应不小于 30min,高液限黏土应不小于 1h,使土粒分散。注意沸腾后调节沙浴温度,不使土液溢出瓶外。

对于砂土,由于煮沸时砂粒易跳出,宜采用真空抽气法代替煮沸法排除土中空气。

对于含有某一定量的可溶盐、不亲性胶体或有机质的土,必须用中性液体(如煤油)测定,并用真空抽气法排除土中气体。真空压力表读数宜为 100kPa,抽气时间 1~2h(直至悬液内无气泡为止)。

(3)将煮沸经冷却的纯水(或抽气后的中性液体)注入装有试样悬液的比重瓶。若是长颈比重瓶,用滴管调整液面恰至刻度处(以弯月面下缘为准),擦干瓶外及瓶内壁刻度以上部分的水,称取瓶、水、土总质量。若是短颈比重瓶,将纯水注满,使多余水分自瓶塞毛细管中溢出,将瓶外水分擦干后,称取瓶、水、土总质量,应精确至 0.001g,称量后立即测出瓶内水的温度,精确至 0.5℃。

(4)根据测得的温度,从已绘制的温度与瓶、水的总质量关系曲线中查得瓶、水的总质量。

4) 试验结果整理

(1)用蒸馏水测定时,按式(5.1)计算比重:

$$G_s = \frac{m_s}{m_1 + m_s - m_2} \times G_{wt} \tag{5.1}$$

式中:G_s ——土粒比重,精确至 0.001;

$\quad m_s$ ——干土质量(g);

$\quad m_1$ ——瓶、水总质量(g);

$\quad m_2$ ——瓶、水、土总质量(g);

$\quad G_{wt}$ ——t℃时蒸馏水的比重(水的比重可查物理手册获得),精确至 0.001。

(2)用中性液体测定时,按式(5.2)计算比重:

$$G_s = \frac{m_s}{m'_1 + m_s - m'_2} \times G_{kt} \tag{5.2}$$

式中：G_s——土粒比重，精确至 0.001；

m'_1——瓶、中性液体总质量(g)；

m'_2——瓶、土、中性液体总质量(g)；

G_{kt}——t℃时中性液体比重(应通过实测获得)，精确至 0.001。

5) 试验记录

比重瓶法比重试验记录表见表 5.1。

比重瓶法比重试验记录表　　　　　　　　表 5.1

工程名称＿＿＿＿＿＿＿＿＿　　　试验日期＿＿＿＿＿＿＿＿＿　　　试验者＿＿＿＿＿＿＿＿＿

计算者＿＿＿＿＿＿＿＿＿　　　校核者＿＿＿＿＿＿＿＿＿

试验编号	比重瓶号	温度(℃)	液体比重	比重瓶质量(g)	比重瓶、干土总质量(g)	干土质量(g)	比重瓶、液总质量(g)	比重瓶、液、土总质量(g)	与干土同体积的液体质量(g)	比重	平均相对密度值	备注
		(1)	(2)	(3)	(4)	(5)	(6)	(7)	(8)	(9)		
计算方法					(4)－(3)				(5)＋(6)－(7)	$\dfrac{(5)}{(8)}\times(2)$		
	1											
	2											

6) 精度和允许差

试验应进行两次平行测定，其平行差值不得大于 0.02，否则应重做。取其算术平均值作为测定结果，以两位小数表示。

知 识 链 接

(1)比重瓶法试验适用于粒径小于 5mm 的土。密度测定根据土的分散程度、矿物成分、水溶盐和有机质的含量分别采用纯水和中性液体测定。排气方法也根据介质的不同分别采用煮沸法和真空抽气法。

(2)目前各单位多用 100mL 的比重瓶，也有采用 50mL 的。比较试验表明，瓶的大小对比重结果影响不大，但因 100mL 的比重瓶可以多取些试样，使试样的代表性和试验的精度提高，所以比重瓶试验建议采用 100mL 的比重瓶，但也允许采用 50mL 的比重瓶。

比重瓶校正一般有两种方法：称量校正法和计算校正法。前一种方法精度比较高，后一种方法则引入了某些假设，但一般认为对比重影响不大。本试验以称量校正法为准。

(3)关于试样状态，规定用烘干土，但考虑到烘焙对土中胶粒有机质的影响尚无一致意见，所以规定一般应用烘干试样，也可用风干或天然湿度试样。一般规定有机质含量小于 5% 时，可以用纯水测定。

从资料上看,易溶盐含量小于0.5%时,用纯水和中性液体测得的比重几乎无差异。含盐量大于0.5%时,比重值可差1%以上,因此规定含盐量大于0.5%时,用中性液体测定。

《公路土工试验规程》(JTG 3430—2020)规定排气方法选用煮沸法为主。需用中性液体时,则采用真空抽气法。

对于粗、细粒土混合料比重的测定,比重瓶法试验规定分别测定粗、细粒土的比重,然后取加权平均值。

5.2.2 浮称法

浮称法的基本原理是依据阿基米德原理,即物体在水中失去的重量等于排开同体积水的重量,来测出土粒的体积,从而进一步计算出土粒比重。

该方法适用于粒径大于或等于5mm的土密度测定,且其中粒径大于或等于20mm的土质量小于总土质量的10%。

1)仪器设备

试验所需仪器设备包括带金属网篮的电子天平或浮秤天平(图5.1):感量0.01g;孔径小于5mm的金属网篮,其直径为10～15cm,高为10～20cm;适合网篮沉入的盛水容器;烘箱、温度计、孔径5mm及20mm筛等。

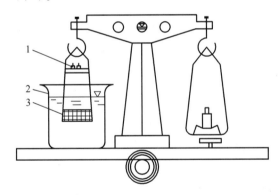

图5.1　浮称天平

1-调平平衡砝码盘;2-盛水容器;3-盛粗粒土的铁丝筐

2)试验步骤

(1)取代表性试样500～1000g。彻底冲洗试样,直至颗粒表面无尘土和其他污物。

(2)将试样浸在水中一昼夜后取出,立即放入金属网篮并使其缓缓浸没于水中。在水中摇晃,至无气泡逸出时为止。

(3)水面高于网篮,称取金属网篮和试样在水中的总质量。

(4)取出试样烘干,称量。

(5)称取金属网篮在水中质量,并立即测量容器内水的温度,精确至0.5℃。

3) 结果整理

(1) 按式(5.3)计算土粒比重：

$$G_s = \frac{m_s}{m_s - (m'_2 - m'_1)} \times G_{wt}$$ (5.3)

式中：G_s ——土粒比重，精确至 0.001；

m'_1 ——金属网篮在水中质量(g)；

m'_2 ——试样和金属网篮在水中质量(g)；

m_s ——干土质量(g)；

G_{wt} —— t ℃时水的比重，精确至 0.001。

(2) 试验记录。浮称法比重试验记录表见表5.2。

浮称法比重试验记录表　　　　　表 5.2

工程名称＿＿＿＿＿＿＿　试验日期＿＿＿＿＿＿＿　试验者＿＿＿＿＿＿＿

计算者＿＿＿＿＿＿＿　校核者＿＿＿＿＿＿＿

野外编号	室内编号	温度(℃)	水的比重	烘干土质量(g)	金属网篮加式样在水中质量(g)	金属网篮在水中质量(g)	试样在水中质量(g)	比重	平均值
		(1)	(2)	(3)	(4)	(5)	(6)	(7)	
计算方法							(4) - (5)	$\frac{(3) \times (2)}{(3) - (6)}$	
	1								
	2								

(3) 按式(5.4)计算土料平均比重：

$$G_s = \frac{1}{\dfrac{P_1}{G_{s1}} + \dfrac{P_2}{G_{s2}}}$$ (5.4)

式中：G_s ——土料平均比重，精确至 0.01；

G_{s1} ——粒径大于 5mm 土粒的比重；

G_{s2} ——粒径小于 5mm 土粒的比重；

P_1 ——粒径大于 5mm 土粒占总质量的百分数(%)；

P_2 ——粒径小于 5mm 土粒占总质量的百分数(%)。

4) 精度和允许差

试验应进行两次平行测定，其平行差值不得大于 0.02，否则应重做。取其算术平均值作为测定结果，以两位小数表示。

5.2.3　虹吸筒法

虹吸筒法的基本原理是通过测量土粒排开水的体积，来测出土粒的体积，从而进一步计算出土粒比重。

40

该方法适用于粒径大于或等于 5mm 的土比重测定,且其中粒径大于或等于 20mm 土的含量大于或等于总土质量的 10%。

1)仪器设备

(1)虹吸筒:试验所用虹吸筒如图 5.2 所示。

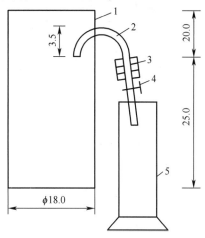

图 5.2 虹吸筒(尺寸单位:cm)
1-虹吸筒;2-虹吸管;3-橡皮管;4-管夹;5-量筒

(2)电子秤:感量 0.1g。
(3)量筒:容积大于 2000mL。
(4)其他:烘箱、温度计、孔径 5mm 及 20mm 筛等。

2)试验步骤

(1)取代表性试样 1000~7000g。将试样彻底冲洗,直至颗粒表面无尘土和其他污物。
(2)再将试样浸在水中一昼夜取出,晾干(或用布擦干),称量。
(3)注清水入虹吸筒,至管口有水溢出时停止注水。待管不再有水流出后,关闭管夹,将试样缓缓放入筒中,边放边搅,至无气泡逸出时为止。搅动时勿使水溅出筒外。称取筒质量。
(4)待虹吸筒中水面平静后,开管夹,让试样排开的水通过虹吸管流入筒中。
(5)称取筒与水质量后,测量筒内水的温度,精确至 0.5℃。
(6)取出虹吸筒内试样,烘干,称量。
(7)本试验称量精确至 1g。

3)试验结果整理

(1)按式(5.5)计算土粒比重:

$$G_s = \frac{m_s}{(m_1 - m_0) - (m - m_s)} \times G_{wt} \qquad (5.5)$$

式中: G_s ——土粒比重,精确至 0.01;

m_s ——干土质量(g);

G_{wt} ——t℃时水的比重,精确至 0.001;

m ——晾干试样质量(g);

m_1 ——量筒加水总质量(g);

m_0 ——量筒质量(g)。

（2）试验记录。虹吸筒法比重试验记录表见表5.3。

虹吸筒法比重试验记录表 　　　　　　表5.3

工程名称＿＿＿＿＿＿＿＿＿　　　试验日期＿＿＿＿＿＿＿＿＿　　　试 验 者＿＿＿＿＿＿＿＿＿

计 算 者＿＿＿＿＿＿＿＿＿　　　校 核 者＿＿＿＿＿＿＿＿＿

野外编号	室内编号	温度(℃)	水的比重	烘干土质量(g)	风干土质量(g)	量筒质量(g)	量筒加排开水质量(g)	排开水质量(g)	吸着水质量(g)	比重	平均值
		(1)	(2)	(3)	(4)	(5)	(6)	(7)	(8)	(9)	
计算方法								(6)-(5)	(4)-(3)	$\dfrac{(3)\times(2)}{(7)-(8)}$	
	1										
	2										

（3）按式（5.6）计算土料平均比重：

$$G_s = \cfrac{1}{\dfrac{P_1}{G_{s1}} + \dfrac{P_2}{G_{s2}}} \tag{5.6}$$

式中：G_s ——土料平均比重，计算至0.01；

　　　G_{s1} ——粒径大于5mm土粒的比重；

　　　G_{s2} ——粒径小于5mm土粒的比重；

　　　P_1 ——粒径大于5mm土粒占总质量的百分比（%）；

　　　P_2 ——粒径小于5mm土粒占总质量的百分比（%）。

4）精度和允许差

试验应进行两次平行测定，其平行差值不得大于0.02，否则应重做。取其算术平均值作为测定结果，以两位小数表示。

知 识 链 接

由于粗颗粒的体积测试误差较大，所以虹吸筒法测得的结果不太稳定，测得的比重值一般偏小。一般只在粒径大于5mm的试样中大于或等于20mm的颗粒含量大于或等于10%时，才用虹吸筒法。

虹吸筒法试验测得的比重与浮力法和浮称法相同，也为土粒的视比重。若要测定饱和面干比重，亦采用虹吸筒法，具体操作可参考有关手册。

第6章 界限含水率试验

6.1 概 述

含水率对黏性土的工程性质(如强度、压缩性等)有极大的影响。当土从很湿的状态逐渐变干时,会表现出几种不同的物理状态,土也就有不同的工程性质。

黏性土从泥泞到坚硬经历了几种不同的物理状态,含水率很大时土就成为泥浆,是一种黏滞流动的液体,称为流动状态;含水率逐渐减小时,黏滞流动的特点渐渐消失而显示出可塑性,称为可塑状态。所谓可塑性就是指土可以塑成任何形状而不发生裂缝,并在外力解除以后能保持已有的形状而不恢复原状的性质。黏性土的可塑性是一个十分重要的性质,这种性质对于土木工程有着重要的意义。当含水率继续减小时,则发现土的可塑性逐渐消失,从可塑状态变为半固体状态。如果同时测定含水率减小过程中土的体积变化,则可发现土的体积随着含水率的减小而减小,但当含水率很小的时候,土的体积却不再随含水率的减小而减小了,这种状态称为固体状态。

黏性土从一种状态转到另一种状态的分界含水率称为界限含水率,流动状态与可塑状态间的界限含水率称为液限 w_L;可塑状态与半固体状态间的界限含水率称为塑限 w_P;半固体状态与固体状态间的界限含水率称为缩限 w_S。当土的含水率低于缩限时,土将是不饱和的。

液限 w_L 和塑限 w_P,在国际上称为阿太堡界限(Atterberg Limit),该词语源自农业土壤学,后来被应用于土木工程,成为表征黏性土物理性质的重要指标。

6.1.1 塑性指数

可塑性是黏性土区别于砂土的重要特征。黏性土的塑性大小,可用土处于塑性状态的含水率变化范围来衡量。这个范围即液限与塑限之差值,称为塑性指数 I_P。从液限到塑限的变化范围越大,土的可塑性越好:

$$I_P = w_L - w_P \tag{6.1}$$

塑性指数一般在习惯上用不带"%"的数值表示。塑性指数越大,表示土的可塑性越好。

液限和塑限是细粒土颗粒与土中水相互物理化学作用的结果。土中黏粒含量越多,土的可塑性就越大,塑性指数也相应越大,这是由于黏粒部分含有较多的黏土矿物颗粒和有机质。

塑性指数是黏性土最基本和最重要的物理指标之一,它综合地反映了土的物质组成,因此被广泛应用于土的分类和评价。但由于液限测定标准的差别,同一土类按不同标准可能得到不同的塑性指数,因此即使塑性指数相同的土,其土类也可能完全不同。

6.1.2 液性指数

土的天然含水率是反映土中含有水量多少的指标,在一定程度上可说明黏性土的软硬与干湿状况。但仅有含水率的绝对数值并不能确切地说明黏性土处于什么物理状态。如果有几个含水率相同的土样,但它们的液限和塑限不同,那么这些土样所处的状态可能不同。例如,土样的含水率为28%,则对于液限为25%的土来说是处于流动状态,而对于液限是30%的土来说则是处于可塑状态。因此,还需要提出一个能够表示天然含水率与界限含水率相对关系的指标来描述黏性土的状态。

液性指数 I_L 是指黏性土的天然含水率和塑限的差值与塑性指数之比,可被用来表示黏性土所处的软硬状态:

$$I_L = \frac{w - w_P}{I_P} = \frac{w - w_P}{w_L - w_P} \tag{6.2}$$

式中: w ——天然含水率;

$\quad\quad w_L$ ——液限;

$\quad\quad w_P$ ——塑限。

当 $I_L = 1.0$,即 $w = w_L$ 时,土处于液限;当 $I_L = 0$,即 $w = w_P$ 时,土处于塑限。可塑状态的土的液性指数在0~1之间,液性指数越大,表示土越软;液性指数大于1的土处于流动状态;液性小于0的土则处于固体状态或半固体状态。

液性指数可以反映黏性土所处的状态,但必须指出,液限和塑限都是用重塑土膏测定的,没有完全反映出水对土的原状结构的影响。保持原状结构的土即使天然含水率大于液限,但仍有一定的强度,并不呈流动的性质,这种状态可称为潜流状态。也就是说,虽然天然含水率大于液限,但原状并不流动,而一旦天然结构被破坏,土的强度立即丧失而出现流动。

《岩土工程勘察规范》(GB 50021—2001)与《公路桥涵地基与基础设计规范》(JTG D63—2007)规定黏性土应根据液性指数 I_L 划分状态,其划分标准和状态定名都是相同的,见表6.1。但对于表中的液性指数 I_L,《岩土工程勘察规范》(GB 50021—2001)采用76g圆锥仪沉入深度10mm的液限求得;而《公路桥涵地基与基础设计规范》(JTG D63—2007)只规定采用76g锥试验方法,没有对沉入深度作明文规定。因此,表6.1中的黏性土状态划分,只能采用76g锥沉入深度10mm的液限计算的液性指数来评价。

黏性土状态划分 表6.1

液性指数 I_L	状 态	液性指数 I_L	状 态
$I_L \leqslant 0$	坚硬	$0.75 < I_L \leqslant 1$	软塑
$0 < I_L \leqslant 0.25$	硬塑	$I_L > 1$	流塑
$0.25 < I_L \leqslant 0.75$	可塑		

界限含水率试验要求土的颗粒粒径小于0.5mm、有机质含量不超过5%,且宜采用天然含水率的试样。但是,也可采用风干试样,当试样中含有粒径大于0.5mm的土粒或杂质时,应过0.5mm的筛。

6.2 试验方法及原理

液限是区分黏性土可塑状态和流动状态的界限含水率,测定土的液限的试验方法主要有液塑限联合测定法和液限碟式仪法。塑限是可塑状态与半固体状态间的界限含水率,测定土的塑限的试验方法主要为塑限滚搓法。

6.2.1 液塑限联合测定法

液塑限联合测定法的试验目的是联合测定土的液限和塑限,从而划分土类、计算天然稠度和塑性指数,供公路工程设计和施工使用。

液塑限联合测定法适用于粒径不大于 0.5mm、有机质含量不大于试样总质量 5% 的土的界限含水率测定。

1）仪器设备

（1）液塑限联合测定仪（图 6.1），应包括带标尺的圆锥仪、电磁铁、显示屏、控制开关和试验样杯。圆锥质量为 100g 或 76g,锥角为 30°。

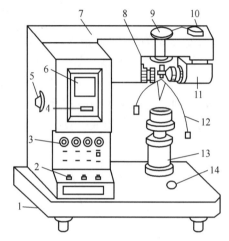

图 6.1 光电式液塑限联合测定仪示意图

1-水平调节螺丝;2-控制开关;3-指示灯;4-零线调节螺丝;5-反光镜调节螺丝;6-屏幕;7-机壳;8-物镜调节螺丝;9-电磁装置;10-光源调节螺丝;11-光源;12-圆锥仪;13-升降台;14-水平泡

（2）盛土杯:内径 50mm,深度 40~50mm。

（3）天平:感量 0.01g。

（4）其他:筛(孔径 0.5mm)、调土刀、调土皿、称量盒、研钵(附带橡皮头的研杵或橡皮板、木棒)干燥器、吸管、凡士林等。

2）试验步骤

（1）取有代表性的天然含水率或风干土样进行试验。如土中含大于 0.5mm 的土粒或杂物,应将风干土样用带橡皮头的研杵研碎或用木棒在橡皮板上压碎,过 0.5mm 的筛。

取 0.5mm 筛下的代表性土样至少 600g,分开放入 3 个盛土皿中,加不同数量的纯水,土样的含水率分别控制在液限（a 点）、略大于塑限（c 点）和两者的中间状态（b 点）。用调土刀调匀,盖上湿布,放置 18h 以上。测定 a 点的锥入深度,对于 100g 锥应为 20mm±0.2mm,对于 76g 锥应为 17mm±0.2mm。测定 c 点的锥入深度,对于 100g 锥应控制在 5mm 以下,对于 76g 锥应控制在 2mm 以下。对于砂类土,用 100g 锥测定 c 点的锥入深度可大于 5mm,用 76g 锥测定 c 点的锥入深度可大于 2mm。

（2）将制备的土样充分搅拌均匀,分层装入盛土杯,用力压密,使空气逸出。对于较干的土样,应先充分搓揉,用调土刀反复压实。试杯装满后,刮成与杯边齐平。

45

(3)当用游标式或百分表式液塑限联合测定仪试验时,调平仪器,提起锥杆(此时游标或百分表读数为零),并在锥头上涂少许凡士林。

(4)将装好土样的试杯放在联合测定仪的升降座上,转动升降旋钮,待锥尖与土样表面刚好接触时停止升降,扭动锥下降旋钮,经5s,锥体停止下落,此时游标读数即为锥入深度 h_1。

(5)改变锥尖与土接触位置(锥尖两次锥入位置距离不小于1cm),重复第(3)步和第(4)步的试验步骤,得锥入深度 h_2。h_1、h_2 允许平行误差为0.5mm,否则应重做。取 h_1、h_2 平均值作为该点的锥入深度 h。

(6)去掉锥尖入土处的凡士林,取10g以上的土样两个,分别装入称量盒内,称取质量(精确至0.01g),测定其含水率 w_1、w_2(计算到0.1%)。计算含水率平均值 w。

(7)重复第(2)~(6)步的试验步骤,对其他两个含水率土样进行试验,测其锥入深度和含水率。

3)结果整理

(1)在双对数坐标纸上,以含水率 w 为横坐标、锥入深度 h 为纵坐标,绘制过 a、b、c 三点含水率的 h-w 图(图6.2)。连此三点,应成一条直线。如三点不在同一直线上,要通过 a 点与 b、c 两点连成两条直线,根据液限 w_L 与塑限时入土深度 h_P 的关系式[见式(6.3)和式(6.4)]求得 h_P,以此 h_P 再在 h-w 的 ab 及 ac 两直线上求出相应的两个含水率。当两个含水率的差值大于或等于2%,以该两点含水率的平均值与 a 点连成一直线。若两个含水率的差值大于或等于2%,应重做试验。

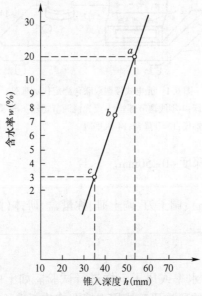

图6.2 锥入深度与含水率(h-w)关系

(2)液限的确定方法。

①若采用76g锥做液限试验,则在 h-w 图上查得纵坐标入土深度 h=17mm所对应的横坐标的含水率 w,即为该土样的液限 w_L。

②若采用100g锥做液限试验,则在 h-w 图上查得纵坐标入土深度 h=20mm所对应的横坐标的含水率 w,即为该土样的液限 w_L。

(3)塑限的确定方法。

①根据上面试验(76g锥)求出的液限,通过76g锥入土深度 h 与含水率 w 的关系曲线

46

（图 6.2），查得锥入土深度为 2mm 所对应的含水率即为该土样的塑限 w_P。

②当采用 100g 锥时，根据上面试验（100g 锥）求出的液限，通过液限 w_L 与塑限时入土深度 h_P 的关系式[见式（6.3）和式（6.4）]，求得 h_P，再由图 6.2 求出入土深度为 h_P 时所对应的含水率，即为该土样的塑限 w_P。当使用液限 w_L 与塑限时入土深度 h_P 的关系式时，需先通过简易鉴别法及筛分法（参见土的工程分类及 T0115—1993 试验）把砂类土与细粒土区别开来，再按这两种土分别采用相应的公式；对于细粒土，用双曲线确定 h_P 值；对于砂类土，则用多项式曲线确定 h_P 值。

若根据本试验（100g 锥）求出的液限，当 a 点的锥入深度在（20±0.2）mm 范围内时，应在 ad 线上查得入土深度为 20mm 处相对应的含水率，此为液限 w_L。再根据液限 w_L 值与塑限时入土深度的关系式，求得与之相对应的塑限入土深度 h'_P，然后到 h-w 图 ad 直线上查得 h'_P 相对应的含水率，此为塑限 w_P。

对于细粒土，按式（6.3）计算塑限入土深度 h_P：

$$h_P = \frac{w_L}{0.524w_L - 7.606} \tag{6.3}$$

对于砂类土，按式（6.4）计算塑限入土深度 h_P：

$$h_P = 29.6 - 1.22w_L + 0.017w_L^2 - 0.0000744w_L^3 \tag{6.4}$$

（4）计算塑性指数 $I_P = w_L - w_P$。

（5）试验记录。液限塑限联合试验记录表见表 6.2。

液限塑限联合试验记录表 表 6.2

工程名称＿＿＿＿＿＿＿ 　　试 验 者＿＿＿＿＿＿＿ 　　土样编号＿＿＿＿＿＿＿

计 算 者＿＿＿＿＿＿＿ 　　取土深度＿＿＿＿＿＿＿ 　　校 核 者＿＿＿＿＿＿＿

土样制备＿＿＿＿＿＿＿ 　　试验日期＿＿＿＿＿＿＿

试 验 项 目		试 验 次 数			备 注
		1	2	3	
入土深度	h_1				w_P　　I_P
	h_2				双曲线法
	$\frac{1}{2}(h_1 + h_2)$				搓条法
					液限　　$w_L =$
含水率	称量盒号				
	称量盒质量（g）				
	称量盒+湿土质量（g）				
	称量盒+干土质量（g）				
	水分质量（g）				
	干土质量（g）				
	含水率（%）				

4) 精度和允许差

试验应进行两次平行测定,其允许差值为:高液限土不大于 2%,低液限土不大于 1%。若不满足要求,则应重新试验。取其算术平均值作为测定结果,保留至小数点后一位。

知 识 链 接

(1)自 1950 年以来,我国一直采用瓦氏 76g 平衡锥来测定土的液限,相应的入土深度为 $h_L = 10mm$。

影响圆锥入土深度的因素可归结为土质、物理状态(湿度和密度状态)和结构三大方面。对于扰动土,排除了结构状态的影响。塑限时入土深度与含水率关系不稳定的原因就在于湿密状态和土质的影响。

压密理论表明,最佳含水率约等于或略大于塑限,此时土的状态不再符合土力学中关于可塑性的定义。在这种状态下,圆锥和土体将产生剪切和压密的综合作用。为消除试样密度对圆锥入土深度的影响,测定塑限时,必须首先控制试样的密实程度。

土的性质对塑限时入土深度有显著影响。一般情况下,对砂类土的影响较大,而对粉质土和黏质土的影响则较小。

(2)液限塑限联合测定仪有数码式、光电式、游标式和百分表式四种,可根据具体情况选用。

(3)试样制备质量对液限塑限联合测定的精度具有重要意义。制备试样应均匀、密实。一般应制备三个试样。一个要求含水率接近液限[入土深度(20±0.2)mm],一个要求含水率接近塑限,一个居中。否则,就不容易控制曲线的走向。对于液塑限联合测定精度最有影响的是靠近塑限的试样。可以先将试样充分搓揉,再将土块紧密地压入容器,刮平待测。当含水率等于塑限时,对控制曲线走向最有利,但此时试样很难制备,充分搓揉使土的断面上无孔隙存在。为便于操作,根据实际经验,含水率可略放宽,以入土深度不大于 4~5mm 为限。

6.2.2 液限碟式仪法

液限碟式仪法试验的目的是按液限碟式仪法测定土的液限,适用于粒径小于 0.5mm 以及有机质含量不大于试样总质量 5% 的土界限含水率测定。

1) 仪器设备

(1)液限碟式仪:由土碟和支架组成专用仪器,并有专用划刀,如图 6.3 所示,底座应为硬橡胶制成。

(2)天平:感量 0.01g。

(3)其他:烘箱、干燥缸、铝盒、调土刀、筛(孔 0.5mm)等。

2) 试验步骤

(1)取过 0.5mm 筛的土样(天然含水率的土样或风干土样均可)约 100g,放在调土皿中,

48

按需要加纯水,用调土刀反复拌匀。

（2）取一部分试样,平铺于土碟的前半部。铺土时应防止试样中混入气泡。用调土刀将试样面修平,使最厚处为10mm,多余试样放回调土皿中。以蜗形轮为中心,用划刀自后至前沿土碟中央将试样划成槽缝清晰的两半,如图6.4a)所示。为避免槽缝边扯裂或试样在土碟中滑动,允许从前至后,再从后至前多划几次,将槽逐步加深,以代替一次划槽,最后一次从后至前的划槽能明显的接触碟底。应尽量减少划槽的次数。

（3）以每秒2转的速率转动摇柄,使土碟反复起落,坠击于底座上,数记击数,直至试样两边在槽底的合拢长度为13mm为止。记录击数,并在槽的两边采取试样10g左右,测定其含水率。

（4）将土碟中的剩余试样移至调土皿中,再加水彻底拌和均匀,按上述试验步骤中第（1）~（3）步的规定至少再做两次试验。这两次土的稠度应使合拢长度为13mm时所需击数在15~35次之间(25次以上及以下各1次),然后测定各击次下试样的相应含水率。

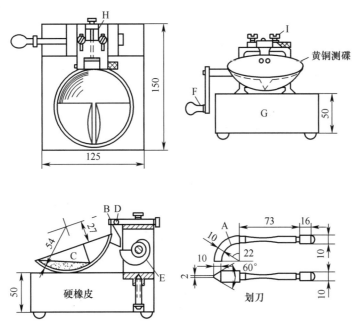

图6.3　液限碟式仪(尺寸单位:mm)
A-划刀;B-销子;C-土碟;D-支架;E-蜗形轮;F-摇柄;G-底座;H-调整板;I-螺丝

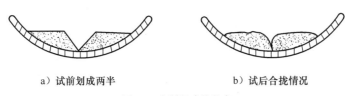

a）试前划成两半　　　　b）试后合拢情况

图6.4　划槽及合拢状态

3）结果整理

（1）按式(6.5)计算各击次下合拢时试样的相应含水率:

49

$$w_n = \left(\frac{m_n}{m_s} - 1 \right) \times 100 \tag{6.5}$$

式中：w_n ——n 击下试样的含水率(%)，精确至 0.1%；

$\qquad m_n$ ——n 击下试样的质量(g)；

$\qquad m_s$ ——试样的干土质量(g)。

（2）液限碟式仪试验记录表见表 6.3。

液限碟式仪试验记录表 表6.3

工程编号＿＿＿＿＿＿＿＿＿＿＿ 试 验 者＿＿＿＿＿＿＿＿＿＿＿ 土样说明＿＿＿＿＿＿＿＿＿＿＿

计 算 者＿＿＿＿＿＿＿＿＿＿＿ 试验日期＿＿＿＿＿＿＿＿＿＿＿ 校 核 者＿＿＿＿＿＿＿＿＿＿＿

称 量 盒 号		1	2
项 目	计 算 方 法		
称量盒质量(g)	(1)		
称量盒+湿土质量(g)	(2)		
称量盒+干土质量(g)	(3)		
水分质量(g)	(4)=(2)-(3)		
干土质量(g)	(5)=(3)-(1)		
液限(%)	$(6)=\dfrac{(4)}{(5)}$		
平均液限(%)	(7)		

（3）根据试验结果，以含水率为纵坐标，以击次的对数为横坐标绘制曲线，如图 6.5 所示。查得曲线上击数 25 次所对应的含水率，即为该试样的液限。

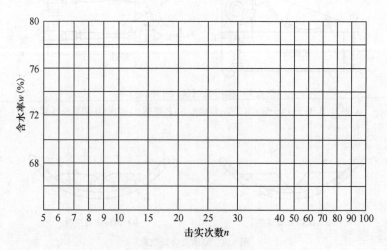

图 6.5　含水率与击实次数关系曲线

（4）精度和允许差。试验应进行两次平行测定，其允许差值为：高液限土小于或等于 2%，低液限土小于或等于 1%。若不满足要求，则应重新试验。取其算术平均值作为测定结果，保留至小数点后一位。

6.2.3 塑限滚搓法

塑限试验的目的是按滚搓法测定土的塑限,适用于粒径小于 0.5mm 以及有机质含量不大于试样总质量5%的土的界限含水率测定。

1)仪器设备

(1)毛玻璃板:尺寸宜为 200mm×300mm。

(2)天平:感量 0.01g。

(3)其他:烘箱、干燥器、称量盒、调土皿、直径 3mm 的铁丝等。

2)试验步骤

(1)取有代表性的天然含水率或风干土样进行试验。如土中含大于 0.5mm 的土粒或杂物,应将风干土样用带橡皮头的研杵研碎或用木棒在橡皮板上压碎,过 0.5mm 的筛。一般取土样约50g备用。为在试验前使试样的含水率接近塑限,可将试样在手中捏揉至不粘手为止,或放在空气中稍为晾干。

(2)取含水率接近塑限的一小块试样,先用手搓成椭圆形,然后再用手掌在毛玻璃板上轻轻搓滚。搓滚时需以手掌均匀施压力于土条上,不得将土条在玻璃板上进行无压力的滚动。土条长度不宜超过手掌宽度,并在滚搓时不应从手掌下任一边脱出。土条在任何情况下均不允许产生中空现象。

(3)继续搓滚土条,直至土条直径达 3mm 时,产生裂缝并开始断裂为止。若土条搓成 3mm 时仍未产生裂缝及断裂,表示这时试样的含水率高于塑限,则将其重新捏成一团,重新搓滚;如土条直径大于 3mm 时即断裂,表示试样含水率小于塑限,应弃去,重新取土加适量水调匀后再搓,直至合格。若土条在任何含水率下始终搓不到 3mm 即开始断裂,则认为该土无塑性。

(4)收集 3~5g 合格的断裂土条,放入称量盒内,随即盖紧盒盖,测定其含水率。

3)试验结果整理

(1)按式(6.6)计算塑限:

$$w_P = \left(\frac{m_1}{m_2} - 1 \right) \times 100 \tag{6.6}$$

式中:w_P ——塑限(%),精确至 0.1%;

m_1 ——湿土质量(g);

m_2 ——干土质量(g)。

(2)塑限滚搓法试验记录表见表6.4。

塑限滚搓法试验记录表 表6.4

工程编号＿＿＿＿＿＿＿＿＿＿＿＿＿＿　试　验　者＿＿＿＿＿＿＿＿＿＿＿＿＿＿　土样说明＿＿＿＿＿＿＿＿＿＿＿＿＿

计　算　者＿＿＿＿＿＿＿＿＿＿＿＿＿＿　试验日期＿＿＿＿＿＿＿＿＿＿＿＿＿＿　校核者＿＿＿＿＿＿＿＿＿＿＿＿＿＿

盒　　号		1	2
项目	计算方法		
称量盒质量(g)	(1)		
称量盒+湿土质量(g)	(2)		
称量盒+干土质量(g)	(3)		
水分质量(g)	(4)=(2)-(3)		
干土质量(g)	(5)=(3)-(1)		
塑限(%)	$(6)=\dfrac{(4)}{(5)}$		
平均塑限(%)	(7)		

(3)塑限结果保留至小数点后一位。

知 识 链 接

(1)塑限试验长期以来采用塑限滚搓法。该法虽存在许多缺点,如标准不易掌握、人为因素较大,但由于该试验的物理概念明确,且试验人员已在实践中积累了许多经验,国际上有很多国家采用此法,故将塑限滚搓法列入塑限的校核试验方法。

(2)关于滚搓工具,有人员认为毛橡皮板同样能得出满意的结果,因此在无毛玻璃板的情况下,也允许用毛橡皮板。

(3)国内外在测定塑限的规定中,搓条方法不尽相同,但土条断裂时的直径多数采用3mm。由于我国历次规程均采用3mm,故仍沿用3mm。关于滚搓速度,各国均无具体要求,如美国ASTM D424规定搓滚速度为每分钟80~90次;英国BS 1377规定,手指的压力必须使滚搓5~10个往返后,土条直径由6mm减至3mm,高塑性黏土则允许往返10~15次。这种规定太细、不灵活、不易掌握,也无必要,因此仍维持原有规定。对于某些低液限砂类土,若始终搓不到3mm,可认为塑性极低或无塑性,可按极细砂处理。

6.2.4 缩限试验

缩限试验适用于粒径小于0.5mm和有机质含量不超过5%的土的界限含水率测定。

1)仪器设备

(1)收缩皿(或环刀):内径4.5~5cm,高2~3cm。

（2）天平：感量 0.01g。

（3）电热恒温烘箱或其他含水率测定装置。

（4）卡尺：分度值 0.02mm。

（5）其他：蜡、烧杯、细线、针；制备含水率大于液限的土样所需的仪器。

2）试验步骤

（1）制备土样：取具有代表性的土样，制备成含水率大于液限的土膏。

（2）在收缩皿内涂一薄层凡士林，将土样分层装入皿内，每次装入后将皿底拍击试验台，直至驱尽气泡为止。

（3）土样装满后，用刀或直尺刮去多余土样，立即称取收缩皿加湿土质量。

（4）将盛满土样的收缩皿放在通风处风干，待土样颜色变淡后，放入烘箱中烘至恒量，然后放在干燥器中冷却。

（5）称取收缩皿和干土总质量，精确至 0.01g。

（6）采用蜡封法试验测定试样体积。

3）试验结果整理

（1）按式（6.7）计算缩限：

$$w_s = w - \frac{V_1 - V_2}{m_s} \rho_w \times 100 \qquad (6.7)$$

式中：w_s ——缩限（%），精确至 0.1%；

$\quad$ w ——试验前试样含水率（%）；

$\quad$ V_1 ——湿试件体积，即收缩皿容积（cm³）；

$\quad$ V_2 ——干试件体积（cm³）；

$\quad$ m_s ——干试件质量（g）；

$\quad$ ρ_w ——水的密度（g/cm³），$\rho_w = 1$g/cm³。

（2）液限与缩限之差即为收缩指数，按式（6.8）计算：

$$I_s = w_L - w_s \qquad (6.8)$$

式中：I_s ——收缩指数（%），精确至 0.1%；

$\quad$ w_L ——土的液限（%）。

（3）扰动土缩限试验记录表见表 6.5。

扰动土缩限试验记录表　　　　　　　　　　　　　　　　　　　表 6.5

工程名称＿＿＿＿＿＿　　　　试　验　者＿＿＿＿＿＿　　　　土样编号＿＿＿＿＿＿

计　算　者＿＿＿＿＿＿　　　　土样说明＿＿＿＿＿＿　　　　校　核　者＿＿＿＿＿＿

土样制备说明＿＿＿＿＿＿　　　　试验日期＿＿＿＿＿＿

室内编号		I		II	
收缩皿编号		1	2	3	4
项目	计算方法				
液限 w_L（%）					
收缩皿+湿土质量 m_1（g）					

室内编号		I		II	
收缩皿编号		1	2	3	4
项目	计算方法				
皿+干土质量 m_2（g）					
皿的质量 m_3（g）					
含水率 w（%）	$\dfrac{m_1 - m_2}{m_2 - m_3} \times 100$				
皿的容积 V_1（cm³）					
干土体积 V_2（cm³）					
缩限平均值 w_s（%）	$w - \dfrac{V_1 - V_2}{m_2 - m_3}\rho_w \times 100$				
收缩指数 I_s	$w_L - w_s$				

（4）精度和允许差。试验应进行两次平行测定,其允许差值为:高液限土小于或等于2%,低液限土小于或等于1%。若不满足要求,则应重新试验。取其算术平均值作为测定结果,保留至小数点后一位。

知 识 链 接

（1）缩限试验所用收缩皿,其直径最好大于高度,以便于蒸发干透,可用液限试验杯代替。但环刀是不适宜的,因它既不便于振动排气,也不便于挤压,同时环刀与玻璃杯之间容易跑水流土。

（2）分层装填试样时,要注意不断挤压拍击,以充分排气,否则,不符合体积收缩等于水分减少的基本假定,而使计算结果失真。本试验要求收缩皿底和皿壁要平滑弯曲,目的是易于装土排气。改用蜡封法代替水银排开法测定体积的目的在于防止污染。

第7章 击实试验

7.1 概 述

在工程建设中,经常遇到填土压实、软弱地基的强夯和换土碾压等问题,需要采用既经济又合理的压实方法,使土变得密实,从而在短期内提高土的强度以达到改善土的工程性质的目的。

击实试验就是模拟施工现场压实条件,采用锤击方法使土体密度增大、强度提高、沉降变小的一种试验方法,是研究土的压实性能的室内试验方法。土在一定的击实效应下,如果含水率不同,则所得的密度也不相同。击实试验的目的就是测定试样在一定击实次数下或某种压实功能下的含水率与干密度之间的关系,从而确定土的最大干密度和最佳含水率,为施工控制填土密度提供设计依据。施工中再结合现场土要求达到的干密度得出土的压实度,用以控制现场施工质量。

7.1.1 土的压实原理

土的压实性(Compactibility)是指土体在短暂不规则荷载作用下密度增加的性状。土的压实程度与含水率、压实能和压实方法有着密切的关系,当压实能和压实方法确定时,土的干密度先是随着含水率的增加而增加;但当干密度达到某一值后,含水率的增加反而使干密度减小。能使土达到最大密度时的含水率,称为最佳含水率(Optimum Moisture Content),用 w_{op} 表示,其相对应的干密度称为最大干密度(Maximum Dry Density),用 ρ_{dmax} 表示。

压实作用使土块变形和结构调整并密实,在松散湿土的含水量处于偏干状态时,由于粒间引力使土保持比较疏松的凝聚结构,土中孔隙大都相互连通,水少而气多。因此,在一定的外部压实功能作用下,虽然土孔隙中气体易被排出,密度可以增大,但由于较薄的强结合水水膜润滑作用不明显,以及外部功能不足以克服粒间引力,土粒相对移动便不显著,所以压实效果就比较差。当含水率逐渐加大时,水膜变厚、土块变软,粒间引力减弱,施以外部压实功能,则土粒移动,加上水膜的润滑作用,压实效果渐佳;在最佳含水率附近时,土中所含的水量最有利于土粒受击时发生相对移动,以致能达到最大干密度;当含水率再增加到偏湿状态时,孔隙中出现了自由水,击实时不可能使土中多余的水和气体排出,而孔隙压力升高却更为显著,抵消了部分击实功,击实功效反而下降。在排水不畅的情况下,经过多次的反复击实,甚至会导致土体密度不加大而土体结构被破坏的结果,出现工程上所谓的"橡皮土"现象。

研究土的压实性常用的方法包括现场填筑试验和室内击实试验两种。前者是在某一工序动工之前,在现场选一试验路段,按设计要求和拟定的施工方法进行填筑,并同时进行有关测试工作,查明填筑条件(如使用土料或其他集料、堆填方法、碾压方法等)与填筑效果(压实度)之间的关系,从而可确定一些碾压参数。后者则是在室内通过击实仪进行模拟施工现场压实条件的试验操作。

土的压实度(Degree of Compaction)定义为施工现场填土压实时要求达到的干密度 ρ_d 与室

内击实试验所得到的最大干密度 ρ_{dmax} 之比,用 λ_c 表示,可由式(7.1)确定:

$$\lambda_c = \frac{\rho_d}{\rho_{dmax}} \times 100\% \tag{7.1}$$

因而,最大干密度是评价土的压实度的一个重要指标,其大小直接决定着现场填土的压实质量是否符合施工技术规范的要求。未经压实松软土的干密度为 $1.12 \sim 1.33 \mathrm{g/cm^3}$,经压实后可达 $1.58 \sim 1.83 \mathrm{g/cm^3}$,一般填土压实后为 $1.63 \sim 1.73 \mathrm{g/cm^3}$。

7.1.2 土压实性的影响因素

影响土压实性的因素很多,包括土的含水率、土类及级配、压实能、毛细管压力以及孔隙压力等。

(1)含水率对整个压实过程的影响。由击实曲线可知,严格地控制最佳含水率是至关重要的。但是,不同的土类其最佳含水率和最大干密度也是不同的。一般粉粒和黏粒含量多,土的塑性指数越大,土的最佳含水率也越大,同时其最大干密度越小。因此,一般砂性土的最佳含水率小于黏性土,而砂性土的最大干密度大于黏性土。

(2)击实功对最佳含水率和最大干密度的影响。对同一种土用不同的击实功进行击实试验的结果表明,击实功越大,土的最大干密度也越大,而土的最佳含水率则越小,但是这种增大是有一定限度的,超过这一限度,即使增加击实功,土的干密度的增加也很不明显。

(3)不同压实机械对压实的影响。如光面压路机、羊足碾和振动压路机等,它们的压实效果各不相同,作用于不同土类时,其效果也不同。

(4)土粒级配的影响。路基、路面基层等材料的施工经验表明,粒料的级配对压实的密实度也有明显的影响。均匀颗粒的砂,单一尺寸的砾石和碎石,都很难碾压密实。只有级配良好的材料才能达到相关的密实度要求,也才能满足强度和稳定性的要求。

除上述影响压实效果主要因素之外,施工现场的不同条件,都将对压实效果产生一定程度的影响。

7.2 试验方法及原理

击实是指采用人工或机械对土施加夯压能量(如打夯、碾压、振动碾压等方式),使土颗粒重新排列紧密。其中,粗粒土因颗粒的紧密排列,增强了颗粒表面摩擦力和颗粒之间嵌挤形成的咬合力,细粒土则因为颗粒间的靠紧而增强了颗粒间的分子引力,从而使土在短时间内得到新的结构强度。

击实试验分轻型击实和重型击实。应根据工程要求和试样最大粒径,按表7.1选用击实试验方法。当粒径大于 40mm 的颗粒含量大于5%且不大于30%时,应对试验结果进行校正。

击实试验方法种类 表 7.1

试验方法	类别	锤底直径(cm)	锤质量(kg)	落高(cm)	试筒尺寸		试样尺寸		层数	每层击数	最大粒径(mm)
					内径(cm)	高度(cm)	高度(cm)	体积(cm³)			
轻型	I-1	5	2.5	30	10	12.7	12.7	997	3	27	20
	I-2	5	2.5	30	15.2	17	12	2177	3	59	40

试验方法	类别	锤底直径（cm）	锤质量（kg）	落高（cm）	试筒尺寸		试样尺寸		层数	每层击数	最大粒径（mm）
					内径（cm）	高度（cm）	高度（cm）	体积（cm³）			
重型	Ⅱ-1	5	4.5	45	10	12.7	12.7	997	5	27	20
	Ⅱ-2	5	4.5	45	15.2	17	12	2177	3	98	40

7.2.1 仪器设备

（1）标准击实仪。标准击实仪包括击实筒（图 7.1）、击锤和导杆（图 7.2）。

击实试验方法和相应设备的主要参数应符合表 7.1 的规定。

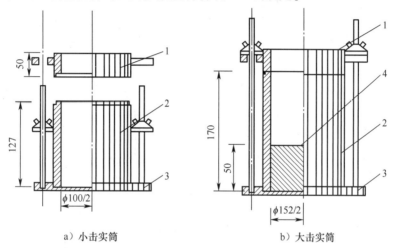

a）小击实筒　　　　　b）大击实筒

图 7.1　击实筒（尺寸单位：mm）

1-套筒；2-击实筒；3-底板；4-垫板

（2）烘箱及干燥器。

（3）电子天平：称量 2000g，感量 0.01g；称量 10kg，感量 1g。

（4）圆孔筛：孔径 40mm、20mm 和 5mm 各 1 个。

（5）拌和工具：400mm×600mm、深 70mm 的金属盘、土铲。

（6）其他：喷水设备、碾土器、盛土盘、量筒、推土器、铝盒、削土刀、平直尺等。

7.2.2 试样

（1）试验可分别采用不同的方法准备试样，各方法可按表 7.2 准备试料，击实试验后的试料不宜重复使用。

试 料 用 量　　　　　　　　　　表 7.2

使 用 方 法	试筒内径（cm）	最大粒径（mm）	试 料 用 量
干土法	10	20	至少 5 个试样，每个 3kg
	15.2	40	至少 5 个试样，每个 6kg
湿土法	10	20	至少 5 个试样，每个 3kg
	15.2	40	至少 5 个试样，每个 6kg

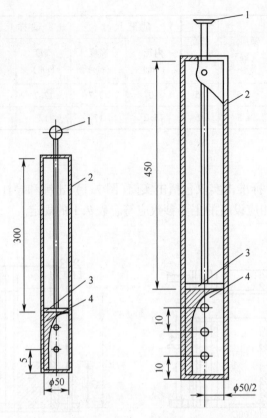

a）2.5kg击锤（落高30cm）　　b）4.5kg击锤（落高45cm）

图 7.2　击锤和导杆(尺寸单位:mm)

1-提手;2-导筒;3-硬橡皮垫;4-击锤

（2）干土法。过 40mm 筛后,按四分法至少准备 5 个试样,分别加入不同水分(按 1%~3%含水率递增),将土样拌和均匀,拌匀后闷料一夜备用。

（3）湿土法。对于高含水率土,可省略过筛步骤,拣除大于 40mm 的石子。保持天然含水率的第一个土样,可立即用于击实试验。其余几个试样,将土分成小土块,分别风干,使含水率按 2%~4%递减。

7.2.3　试验步骤

（1）根据土的性质和工程要求,按表 7.1 规定选择轻型或重型试验方法,选用干土法或湿土法。

（2）称取试筒质量 m_1,精确至 1g。将击实筒放在坚硬的地面上,在筒壁上抹一薄层凡士林,并在筒底(小试筒)或垫块(大试筒)上放置蜡纸或塑料薄膜。取制备好的土样分 3~5 次倒入筒内。小筒按三层法时,每次 800~900g(其量应使击实后的试样等于或略高于筒高的1/3);按五层法时,每次 400~500g(其量应使击实后的土样等于或略高于筒高的1/5)。对于大试筒,先将垫块放入筒内底板上,按三层法,每层需试样约 1700g。整平表面,并稍加压紧,然后按规定的击数进行第一层土的击实,击实时击锤应自由垂直落下,锤迹必须均匀分布于土样面,第一层击实完后,将试样层面"拉毛"然后再装入套筒,重复上述方法进行其余

58

各层土的击实。小试筒击实后,试样不应高出筒顶面5mm;大试筒击实后,试样不应高出筒顶面6mm。

(3)用削土刀沿套筒内壁削刮,使试样与套筒脱离后,扭动并取下套筒,齐筒顶细心削平试样,拆除底板,擦净筒外壁,称筒与土的总质量 m_2,精确至1g。

(4)用推土器推出筒内试样,从试样中心处取代表性的土样测其含水率,计算至0.1%。测定含水率用试样的数量符合表7.3的规定。

测定含水率用试样的数量 表7.3

最大粒径(mm)	试样质量(g)	个 数
<5	约100	2
约5	约200	1
约20	约400	1
约40	约800	1

7.2.4 结果整理

(1)按式(7.2)计算击实后各点的干密度:

$$\rho_d = \frac{\rho}{1 + 0.01w} \tag{7.2}$$

式中: ρ_d——干密度(g/cm³),精确至0.01g/cm³;

ρ——湿密度(g/cm³);

w——含水率(%)。

(2)以干密度为纵坐标、含水率为横坐标,绘制干密度与含水率的关系曲线,曲线上峰值点的纵、横坐标分别为最大干密度和最佳含水率。若绘出的曲线中无明显的峰值点,应进行补点或重做。

(3)当试样中有大于40mm的颗粒时,应先取出大于40mm颗粒,并求得其百分率 p,对小于40mm部分做击实试验,按式(7.3)、式(7.4)分别对试验所得的最大干密度和最佳含水率进行校正(适用于大于40mm颗粒的含量小于30%时)。

最大干密度按式(7.3)校正:

$$\rho'_{dmax} = \frac{1}{\dfrac{1 - 0.01p}{\rho_{dmax}} + \dfrac{0.01p}{\rho_w G'_s}} \tag{7.3}$$

式中: ρ'_{dmax}——校正后的最大干密度(g/cm³),精确至0.01g/cm³;

ρ_{dmax}——用粒径小于40mm的土样试验所得的最大干密度(g/cm³);

p——试料中粒径大于40mm颗粒的百分率(%);

G'_s——粒径大于40mm颗粒的毛体积比重,精确至0.01。

最佳含水率按式(7.4)校正:

$$w'_0 = w_0(1 - 0.01p) + 0.01pw_2 \qquad (7.4)$$

式中：w'_0——校正后的最佳含水率(%)，精确至 0.1%；

$\quad\quad w_0$——用粒径小于 40mm 的土样试验所得的最佳含水率(%)；

$\quad\quad w_2$——粒径大于 40mm 颗粒的吸水量(%)。

(4)击实试验记录表见表 7.4。

击实试验记录表   表 7.4

校 核 者＿＿＿＿＿＿＿＿＿   计 算 者＿＿＿＿＿＿＿＿＿   试 验 者＿＿＿＿＿＿＿＿＿

土样编号			筒号		落距		
土样来源			筒容积		每层击数		
试验日期			击锤质量		大于 5mm 颗粒含量		
	试验次数		1	2	3	4	5
干密度	筒+土质量(g)						
	筒质量　(g)						
	湿土质量(g)						
	湿密度(g/cm³)						
	干密度(g/cm³)						
含水量	盒号						
	称量盒+湿土质量(g)						
	称量盒+干土质量(g)						
	称量盒质量(g)						
	水质量(g)						
	干土质量(g)						
	含水率(%)						
	平均含水率(%)						
最佳含水率 =　　　%				最大干密度 =　　　g/cm³			

(5)精度和允许差。最大干密度精确至 0.01g/cm³；最佳含水率精确至 0.1%。

知 识 链 接

(1)各国所用的击实试验方法大同小异，重型击实法的单位击实功为轻型击实法的 4.5 倍。

由于各国所用试筒的容积不尽相同，因此试验方法就有所不同：一种是改变击数而不改变击实功，例如英国；另一种是不改变击数而改变击实功，例如日本。英国 BS 1377-75 将试筒容积调整为 1000cm³ 后，为了维持原轻型 598.2kJ/m³ 的击实功数值，特将每层击数提高到 27 次。

为了适应不同道路等级、各种压实机具等的要求，特将轻型与重型试验并列。采用哪种方法，根据试样状况或工程需要选定。试验表明，在单位体积击实功相同的情况下，同类土用轻型和重型击实试验的结果相同。工程上，含水率高的土碾压过程中易出现"弹簧"现象，因此适宜采用轻型压实机械，碾压次数相对较少。与此相对应，含水率高的土适宜采用轻型击实试验。

同一类土若同时进行了击实试验与表面振动击实，则取两者结果中干密度较大的作为该土样的最大干密度。

（2）根据试验类型的不同，分别采用干土法和湿土法准备试样。

首次使用与重复使用的击实土样，两者的最大干密度和最佳含水率均有差异，因此击实试验土样不宜重复使用。

干土法就是将击实所需的土样先烘干或将含水率降至击实土样的最低含水率以下，准备5个以上土样，向每个试样中添加不同的水以达到预计的含水率，拌和均匀后进行闷料，以备击实所需。

湿土法就是采集5个以上的高含水率土样，每个质量约3kg，从天然含水率分别晾干至所需的不同含水率，其中至少3个土样小于此最高含水率，至少2个土样大于此最高含水率，然后按常规法进行击实试验。湿土法的试验过程较干土法更接近施工实际过程。一般而言，湿土法测得的最大干密度小于干土法，最佳含水率高于干土法，这点对于南方地区的红黏土与高液限土等尤为明显。

（3）根据工程的具体要求，按击实试验方法种类中规定选择轻型或重型试验方法；根据土的性质按表7.2规定选用干土法或湿土法，对于高天然水率的土宜选用湿土法。

（4）土中夹有较大的颗粒，如碎（砾）石等，对于求最大干密度和最佳含水率都有一定的影响，所以试验规定要过40mm筛。当40mm筛上颗粒（称超尺寸颗粒）较多（3%～30%）时，所得结果误差较大。因此，对超尺寸颗粒的试料，应直接用大型试筒（如容积2177cm³）进行试验。

第8章 固结试验

8.1 概 述

土体是复杂的多相介质。土在外荷载作用下,其孔隙间的水和空气逐渐被挤出,土的骨架颗粒之间相互挤紧,封闭气泡的体积也将缩小,从而引起土层的压缩变形。土在外力作用下体积缩小的特性称为土的压缩性。

土的压缩性主要有两个特点:

(1)土的压缩主要是由孔隙体积减小而引起的。对于饱和土,土是由固体颗粒和水组成的,在工程上一般的压力作用下,固体颗粒和水本身的体积压缩量都非常微小,可不予考虑,但由于土中水具有流动性,在外力作用下会沿着土中孔隙排出,从而引起土体积减小而发生压缩。

(2)由于孔隙水的排出而引起的压缩对于饱和黏性土来说是需要时间的,因此土的压缩变形随时间不断增长而渐趋稳定,这一变形过程称为土的固结。

土体的压缩与固结对土的工程性状有重要影响。例如,随着土体压密,土的渗透性减小;随着固结的发展,土体的有效应力不断变化,土的强度相应变化;土体的压缩导致地基变形,对上部结构的使用与安全造成影响。因此,研究土的压缩性具有重要意义。

为了确保路桥工程的安全使用,需要确定地基土的变形大小。地基土在外荷载作用下压缩变形的特性和规律以及反映这种特性的计算指标,则需要通过土的压缩性试验来获得。压缩性试验分为室内压缩试验和野外承载板试验。

研究土压缩性的基本方法是用固结仪进行压缩试验。

8.1.1 先期固结压力

土层的应力历史会对土层压缩性产生影响。土层历史上曾经承受过的最大固结压力称为先期固结压力(Preconsolidation Pressure),也就是地质历史上土体在固结过程中所受的最大有效应力,用 p_c 来表示。先期固结压力是一个非常有用的概念和物理量,是了解土层应力历史的重要指标。

将天然土层划分为正常固结土、超固结土和欠固结土三类固结状态,并采用超固结比(Over Consolidation Ratio,OCR),OCR = p_c/p_0,可以判断土层的天然固结状态:

(1)如果土层的自重应力 p_0 等于先期固结压力 p_c,即土自重应力就是该土层历史上受过的最大的有效应力,这种土称为正常固结土,则 OCR = 1。

(2)如果土层的自重应力 p_0 小于先期固结压力 p_c,即该土层历史上受过的最大的有效压力大于土自重应力,则这种土称为超固结土。如覆盖的土层由于被剥蚀等原因,使得原来长期存在于土层中的竖向有效压应力减小了,则 OCR > 1。

(3)如果土层的先期固结压力 p_c 小于土层的自重应力 p_0,即该土层在自重作用下的固结尚未完成,这种土称为欠固结土。如新近沉积黏性土、人工填土等,由于沉积时间短,在自重作用下还没有完全固结,则 OCR<1。

8.1.2　固结理论

固结试验在理论上可以根据太沙基提出的单向固结理论加以诠释。作用于饱和土体内某截面上总的正应力由两部分组成,一部分为孔隙水压力,它沿着各个方向均匀作用于土颗粒上,其中由孔隙水自重引起的称为静水压力,由附加应力引起的称为超静孔隙水压力(通常简称为孔隙水压力);另一部分为有效应力,它作用于土的骨架(土颗粒)上,其中由土粒自重引起的即为土的自重应力,由附加应力引起的称为附加有效应力。

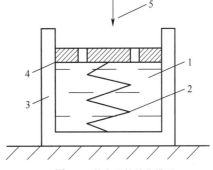

图 8.1　饱和土体简化模型
1-水;2-弹簧;3-圆筒;4-带孔活塞;5- σA (A 为活塞面积)

为更好地理解固结过程中土水分担附加应力及其变化的情况,可用图 8.1 所示的饱和土体简化模型来模拟。在装满水的圆筒中,放置一根弹簧,顶面有一个具有排水孔的活塞,模拟土体中的固体颗粒,而水则模拟土体中的孔隙水。当在活塞上骤然施加压力 σ ,瞬间水来不及排出,弹簧没有变形,附加压力 u 完全由活塞下面的水承担,即 $u = \sigma$;接着在压力作用下,水开始由排水孔排出,活塞下降,弹簧压缩,弹簧承担了一部分压力,相应的水压力减少,此时, $\sigma = \sigma' + u$;随着水继续排出,孔隙水压力逐渐趋于零,压力最终全部转移到弹簧上,水不再承担压力,也不再排出,固结变形终止。

饱和土中总应力与孔隙水压力、有效应力之间存在如下关系:

$$\sigma = \sigma' + u \tag{8.1}$$

式(8.1)称为饱和土的有效应力公式。

单向固结理论较好地解释了饱和土体中沉降与时间的关系,如式(8.2)所示:

$$C_v \frac{\partial^2 u}{\partial z^2} = \frac{\partial u}{\partial t} \tag{8.2}$$

式中: C_v ——竖向渗透固结系数, $C_v = \dfrac{k(1 + e_1)}{a\gamma_w}$ ($\mathrm{m^2/年}$ 或 $\mathrm{cm^2/年}$)。

式(8.2)中的关键参数是固结系数 C_v (Coefficient of Consolidation),它与固结理论中的时间因数有关,可以表示为:

$$T_v = \frac{C_v t}{H^2} \tag{8.3}$$

式中: T_v ——时间因数。

因此,固结系数可以从固结试验得到的变形与时间的关系中求得。常用的确定固结系数的方法有时间平方根法和时间对数法,具体方法在后面的试验成果整理中叙述。应注意的是,通过固结试验求得的固结系数仅对饱和土样适用。

8.1.3 变形指标间的关系

室内压缩试验是土样在无侧胀条件下的单向受力试验,它与实际地基土中的受力情况不同,因此压缩试验所得到的压缩性规律及指标存在一定的局限性。有时为了研究或计算空间受力情况下土体变形,常通过野外现场的荷载试验取得地基土的压缩性规律,以及根据弹性力学的空间研究,以解答求出所需的变形指标。但是,做一次野外现场的荷载试验,需要花费较多的时间、物力、人力和财力。因此,一般仅对较为重要的建筑项目才考虑进行。在工程中利用广义虎克定律,即可从理论上求出一维受力状态下的压缩系数 α 和压缩模量 E_s, E_s 与野外荷载试验确定的变形模量 E_0 之间的关系如下:

$$E_0 = E_s \left(1 - \frac{2\mu^2}{1 - \mu} \right) = \beta E_s \qquad (8.4)$$

式中: $\beta = 1 - \dfrac{2\mu^2}{1 - \mu}$ 。

由于土体不是完全弹性体,因此上述关系式是一种近似关系。但是,这些相互关系式为工程应用提供了方便。

8.2 试验方法及原理

根据工程需要,固结试验分为标准固结试验和快速固结试验。

标准固结试验是将天然状态下的原状土或人工制备的扰动土,制备成一定规格的土样,然后在侧限与轴向排水条件下测定土在不同荷载下的压缩变形,且试样在每级压力下的固结稳定时间为24h。

8.2.1 标准固结试验

标准固结试验的目的是测定土的单位沉降量、压缩系数、压缩模量、压缩指数、回弹指数、固结系数,以及原状土的先期固结压力等。

标准固结试验适用于饱和的细粒土,当只进行压缩试验时,可用于非饱和土。

1)仪器设备

(1)固结仪:如图 8.2 所示,试样面积分别为 $30cm^2$ 和 $50cm^2$,高 2cm。

(2)环刀:内径分别为 61.8mm 和 79.8mm,高度为 20mm。环刀应具有一定的刚度,内壁应保持较高的光洁度,宜涂一薄层硅脂或聚四氟乙烯。

(3)透水石:由氧化铝或耐腐蚀的金属材料组成,其透水系数应大于土体渗透系数 1 个数量级以上。采用固定式容器时,顶部透水石直径小于环刀内径 0.2~0.5mm;采用浮环式容器时,上下部透水石直径都与浮环内径相等。

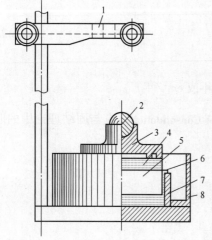

图 8.2 固结仪
1-量表架;2-钢珠;3-加压上盖;4-透水石;5-试样;
6-环刀;7-护环;8-水槽

(4)变形量测设备:量程 10mm,最小分度为 0.01mm 的百分表或零级位移传感器。

(5)其他:天平、秒表、烘箱、钢丝锯、刮土刀、铝盒等。

2)试样

(1)根据工程需要,切取原状土样或制备所需湿度密度的扰动土样。切取原状土样时,应使试样在试验时的受压情况与天然土层受外荷载方向一致。

(2)用钢丝锯将土样修成略大于环刀直径的土柱。然后用手轻轻将环刀垂直下压,边压边修,直至环刀装满土样为止。再用刮刀修平两端,同时注意刮平试样时,不得用刮刀往复涂抹土面。在切削过程中,应细心观察试样并记录其层次、颜色和有无杂质等。

(3)擦净环刀外壁,称取环刀与土总质量,精确至 0.1g,并取环刀两面修下的土样测定含水率。试样需要饱和时,应进行抽气饱和。

3)试验步骤

(1)将准备好试样的环刀外壁擦净,将刀口向下放入护环内。

(2)底板上放入下透水石、滤纸。将护环与试样一起放入容器内,土样上面覆滤纸、上透水石,然后放下加压导环和传压活塞,使各部密切接触,保持平稳。

(3)将压缩容器置于加压框架中央位置,密合传压活塞及横梁,预加 1.0kPa 压力,使固结仪各部分紧密接触,装好百分表,并调整读数至零。

(4)去掉预压荷载,立即加第一级荷载。加砝码时应避免冲击和摇晃,在加上砝码的同时,立即开动秒表。荷载等级一般规定为 50kPa、100kPa、200kPa、300kPa、400kPa 和 600kPa。根据土的软硬程度,第一级荷载可考虑用 25kPa。如需进行高压固结,则压力可增加至 800kPa、1600kPa 和 3200kPa。最后一级的压力应大于上覆土层的计算压力 100kPa~200kPa。

(5)若是饱和试样,则在施加第一级荷载后,立即向容器中注水至充满容器。若是非饱和试样,需以湿棉纱围住上下透水面四周,避免水分蒸发。

(6)当需确定原状土的先期固结压力时,荷载率宜小于 1,可采用 0.5 或 0.25,最后一级荷载应大于 1000kPa,使 e-$\lg p$ 曲线下端出现直线段。

(7)若需测定沉降速率、固结系数等指标,一般按 0s、15s、1min、2min、4min、6min、9min、12min、16min、20min、25min、35min、45min、60min、90min、2h、4h、10h、23h 及 24h 测定,至稳定为止。固结稳定的标准是最后 1h 变形量不超过 0.01mm。

当不需测定沉降速度时,则施加每级压力后 24h,测记试样高度变化作为稳定标准,当试样渗透系数大于 10^{-5}cm/s 时,允许以主固结完成作为相对稳定标准。按此步骤逐级加压至试验结束(注:测定沉降速率仅适用于饱和土)。

(8)试验结束后拆除仪器,小心取出完整土样,称取其质量,并测定其终结含水率(如不需测定试验后的饱和度,则不必测定终结含水率),并将仪器洗干净。

4)结果整理

(1)按式(8.5)计算初始孔隙比:

$$e_0 = \frac{\rho_s(1 + 0.01w_0)}{\rho_0} - 1 \qquad (8.5)$$

式中:e_0——初始孔隙比,精确至 0.01;

ρ_s——土粒密度（数值上等于土粒比重）（g/cm³）；

w_0——初始含水率（%）；

ρ_0——初始密度（g/cm³）。

（2）按式（8.6）计算单位沉降量：

$$S_i = \frac{\sum \Delta h_i}{h_0} \times 1000 \tag{8.6}$$

式中：S_i——某一级荷载下的沉降量（mm/m），精确至 0.1mm/m；

$\sum \Delta h_i$——某一级荷载下的总变形量（mm），等于该荷载下百分表读数（即试样和仪器的变形量减去该荷载下的仪器变形量）。

h_0——初始高度（mm）。

（3）按式（8.7）计算各级荷载下变形稳定后的孔隙比：

$$e_i = e_0 - (1 + e_0) \times \frac{S_i}{1000} \tag{8.7}$$

式中：e_i——某一级荷载下压缩稳定后的孔隙比，精确至 0.01。

（4）按式（8.8）计算某一荷载范围的压缩系数 α_v：

$$\alpha_v = \frac{e_i - e_{i+1}}{p_{i+1} - p_i} = \frac{(S_{i+1} - S_i)(1 + e_0)/1000}{p_{i+1} - p_i} \tag{8.8}$$

式中：α_v——压缩系数（kPa⁻¹），精确至 0.01kPa⁻¹；

p_i——某一级荷载值（kPa）。

（5）分别按式（8.9）、式（8.10）计算某一荷载范围内的压缩模量 E_s 和体积压缩系数 m_V：

$$E_s = \frac{p_{i+1} - p_i}{(S_{i+1} - S_i)/1000} \tag{8.9}$$

式中：E_s——压缩模量（kPa），精确至 0.01kPa。

$$m_V = \frac{1}{E_s} = \frac{\alpha_v}{1 + e_0} \tag{8.10}$$

式中：m_V——体积压缩系数（kPa⁻¹），精确至 0.01kPa⁻¹；

（6）以某一级荷载下的沉降量 S_i 或孔隙比 e 为纵坐标，以压力 p 为横坐标，作单位沉降量或孔隙比与压力的关系曲线，如图 8.3 所示。

（7）按式（8.11）计算压缩指数 C_c 或回弹指数 C_s：

$$C_c（或 C_s） = \frac{e_i - e_{i+1}}{\lg p_{i+1} - \lg p_i} \tag{8.11}$$

（8）按以下方法求固结系数 C_v。

①求某一荷载下固结度为 90% 的时间 t_{90}。

以百分表读数 d（mm）为纵坐标，时间平方根 $\sqrt{t}$（min）为横坐标，作 $d\text{-}\sqrt{t}$ 曲线，如图 8.4 所示，延长 $d\text{-}\sqrt{t}$ 曲线开始段的直线，交纵坐标轴于 d_s（理论零点）。过 d_s 作另一直线，令其横坐标为前一直线横坐标的 1.15 倍，则后一直线与 $d\text{-}\sqrt{t}$ 曲线交点所对应的时间的平方即为固结度达 90% 所需的时间 t_{90}。C_v 按式（8.12）计算：

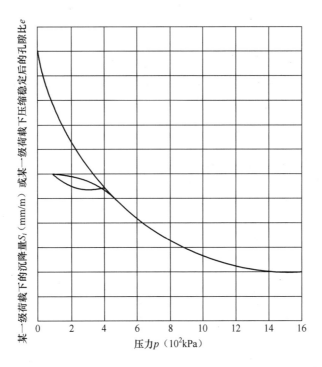

图 8.3　S_i（或 e）- p 关系曲线

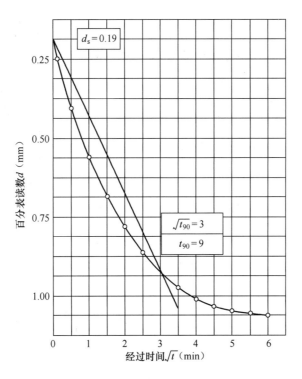

图 8.4　用时间平方根法求 t_{90}

$$C_v = \frac{0.848\bar{h}^2}{t_{90}} \qquad\qquad (8.12)$$

式中：C_v——固结系数（cm^2/s），精确至三位有效数字。

　　$\bar{h}$——精确至0.01，即等于某一荷载下试样初始与终了高度平均值的一半，按式（8.13）计算。

$$\bar{h} = \frac{h_1 + h_2}{4} \qquad\qquad (8.13)$$

②求某一荷载下固结度为68%的t_{68}。

以百分表读数d（mm）为纵坐标，以时间的常用对数$\lg t$（min）为横坐标，在半对数纸上作d-$\lg t$曲线，如图8.5所示。在曲线开始部分选择任意时间t_1，查到相应的百分数读数d_1，又在$t_2 = \dfrac{t_1}{4}$处查得另一相应的百分表读数d_2，$2d_2$与d_1之差为d_{s1}。如此另在曲线开始部分以同法求得d_{s2}、d_{s3}、d_{s4}等，取其平均值，得理论零点d_s。过d_s点作一水平线，然后向上延长曲线中的直线段，两直线交点的横坐标乘以10即得t_{68}，则C_v按式（8.14）计算：

$$C_v = \frac{0.380\bar{h}^2}{t_{68}} \qquad\qquad (8.14)$$

式中：C_v——固结系数（cm^2/s），精确至三位有效数字。

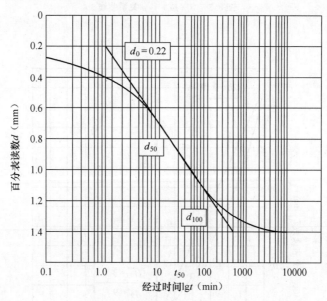

图8.5　用时间对数坡度法求t_{68}

③求某一荷载下固结度为50%的t_{50}。

同上法求得理论零点d_s后，延长d-$\lg t$曲线的中部直线段和通过曲线尾部数点作一切线的交点即为理论终点为d_{100}，则t_{50}按式（8.15）计算：

$$d_{50} = \frac{d_0 + d_{100}}{2} \qquad\qquad (8.15)$$

对应于d_{50}的时间即为固结度等于50%的时间t_{50}，则C_v按式（8.16）计算：

$$C_v = \frac{0.197\bar{h}^2}{t_{50}} \tag{8.16}$$

（9）按以下方法确定原状土的先期固结压力 p_c。

作 e-$\lg p$ 曲线（图8.6），在曲线上首先找出最小曲率半径 R_{min} 的 O 点，通过 O 点作水平线以 OA、切线 OB 及 AOB 的分角线 OD, OD 与曲线的直线 C 的延长线交于 E 点，则对应于 E 点的压力值即为先期固结压力 p_c。

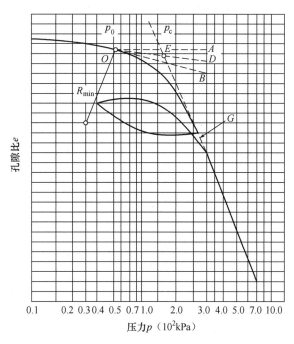

图8.6　e-$\lg p$ 曲线

（10）固结试验记录表见表8.1~表8.3。

固结试验记录表（一）　　　　　　　　　　　　　　　　　表8.1

工程名称＿＿＿＿＿＿＿＿＿＿　　试 验 者＿＿＿＿＿＿＿＿＿＿　　土样编号＿＿＿＿＿＿＿＿＿＿

计 算 者＿＿＿＿＿＿＿＿＿＿　　取土深度＿＿＿＿＿＿＿＿＿＿　　校 核 者＿＿＿＿＿＿＿＿＿＿

土样说明＿＿＿＿＿＿＿＿＿＿　　试验日期＿＿＿＿＿＿＿＿＿＿

含水率试验							
试样情况	称量盒号	称量盒+湿土质量(g) (1)	称量盒+干土质量(g) (2)	称量盒质量(g) (3)	水质量(g) (4)	干土质量(g) (5)	含水率(%) (6)
计算方法		(1)	(2)	(3)	(1)-(2)	(2)-(3)	$\frac{(4)}{(5)} \times 100$
试验前　饱和前							
饱和后（或饱和土）							
试验后							

69

密度试验						
试样情况		环刀+土质量（g）	环刀质量（g）	土质量（g）	试样体积（cm³）	密度（g/cm³）
		（1）	（2）	（3）	（4）	（5）
试验前	计算方法	（1）	（2）	（1）-（2）	（4）	（3）÷（4）
	饱和前					
	饱和后（或饱和土）					
	试验后					
孔隙比及饱和度计算 G_S =						

试样情况	试验前	试验后
含水率(%)		
密度(g/cm³)		
孔隙比		
饱和度(%)		

固结试验记录表（二） 表8.2

工程名称＿＿＿＿＿＿＿＿＿　　土样编号＿＿＿＿＿＿＿＿＿　　试 验 者＿＿＿＿＿＿＿＿＿

仪器编号＿＿＿＿＿＿＿＿＿　　土样说明＿＿＿＿＿＿＿＿＿　　试验日期＿＿＿＿＿＿＿＿＿

经过时间（min）	压力（kPa）							
	50		100		200		400	
	时间	读数	时间	读数	时间	读数	时间	读数
0.00								
0.25								
1.00								
2.25								
4.00								
6.25								
9.00								
12.25								
16.00								
20.25								
25.00								
30.25								
36.00								
42.25								

经过时间(min)	压力(kPa)							
	50		100		200		400	
	时间	读数	时间	读数	时间	读数	时间	读数
60.00								
23h								
24h								
总变形量(mm)								
仪器变形量(mm)								
试样总变形量(mm)								

固结试验记录表(三)

表8.3

工程名称＿＿＿＿＿＿＿＿＿　　土样编号＿＿＿＿＿＿＿＿＿　　试验日期＿＿＿＿＿＿＿＿＿

试　验　者＿＿＿＿＿＿＿＿＿　　计算者＿＿＿＿＿＿＿＿＿　　校　核　者＿＿＿＿＿＿＿＿＿

试样原始高度 $h_0 =$

$$C_v = \frac{0.848\bar{h}^2}{t_{90}} \qquad C_v = \frac{0.197\bar{h}^2}{t_{50}} \qquad C_v = \frac{0.380\bar{h}^2}{t_{68}}$$

试验前孔隙比 $e_0 =$

加荷时间(h)	压力(kPa)	试样总变形量(mm)	压缩后试样高度(mm)	单位沉降量(mm/m)	孔隙比	平均试样高度(mm)	单位沉降量差(mm/m)	压缩模量(MPa)	压缩系数(MPa^{-1})	排水距离(cm)	固结系数(10^{-3}cm^2/s)
	p	$\sum \Delta h_i$	$h = h_0 - \sum \Delta h_i$	$S_i = \frac{\sum \Delta h_i}{h_0} \times 1000$	$e_i = e_0 - \frac{S_i(1+e_0)}{1000}$	$\bar{h} = \frac{h_1+h_2}{2}$	$S_2 - S_1$	E_s	α_v	$\bar{h} = \frac{h_1+h_2}{4}$	C_v
0	0										
24	50										
24	100										
24	200										
24	400										
24	600										

8.2.2 快速固结试验

对于沉降计算精度要求不高,而渗透性又较大的土,且不需要求固结系数时,可采用快速固结试验方法。

快速固结试验规定试样在各级压力下的固结时间为 1h,仅在最后一级压力下,除测记 1h 的量表读数外,还应测读压缩稳定时 24h 量表读数。实践证明,对于 20mm 厚的试样,在压力作用下 1h 的固结度一般可达到 90% 以上。按此速率进行试验,对试验结果进行校正,可得到与标准固结试验近似的结果,而且可以大大缩短试验历时,所以在实践中得到广泛应用。

快速法的试样制备与标准固结试验相同,操作步骤与标准固结试验的试验步骤相同,只是各级荷载下的压缩时间规定为 1h,最后一级荷载下加读到稳定沉降时的读数(固结稳定的标准是最后 1h 变形量不超过 0.01mm),测记变形量,并以等比例综合固结度进行修正。修正方法是根据最后一级压力下稳定变形量与 1h 变形量的比值分别乘以前各级压力下 1h 的变形量,即可得到修正后的各级压力下的变形量。

本试验采用快速方法测定土的单位沉降量、压缩系数、压缩模量、压缩指数、回弹指数、固结系数,以及原状土的先期固结压力等。

本试验适用于饱和的细粒土,当只进行压缩试验时,可用于非饱和土。

1)仪器设备

(1)固结仪:如图 8.2 所示,试样面积分别为 30cm² 和 50cm²,高 2cm。

(2)环刀:内径分别为 61.8mm 和 79.8mm,高度为 20mm。环刀应具有一定的刚度,内壁应保持较高的光洁度,宜涂一薄层硅脂或聚四氟乙烯。

(3)透水石:由氧化铝或耐腐蚀的金属材料组成,其透水系数应大于土体渗透系数 1 个数量级以上。用固定式容器时,顶部透水石直径小于环刀内径 0.2~0.5mm;当用浮环式容器时,上下部透水石直径都与浮环内径相等。

(4)变形量测设备:量程 10mm,最小分度为 0.01mm 的百分表或零级位移传感器。

(5)其他:天平、秒表、烘箱、钢丝锯、刮土刀、铝盒等。

2)试样

(1)根据工程需要切取原状土样或制备所需湿度密度的扰动土样。切取原状土样时,应使试样在试验时的受压情况与天然土层受外荷方向一致。

(2)用钢丝锯将土样修成略大于环刀直径的土柱。然后用手轻轻将环刀垂直下压,边压边修,直至环刀装满土样为止。再用刮刀修平两端,同时注意刮平试样时,不得用刮刀往复涂抹土面。在切削过程中,应细心观察试样并记录其层次、颜色和有无杂质等。

(3)擦净环刀外壁,称取环刀与土总质量,精确至0.1g,并取环刀两面修下的土样测定含水率。试样需要饱和时,应进行抽气饱和。

3)试验步骤

(1)将准备好试样的环刀外壁擦净,将刀口向下放入护环内。

(2)底板上放入下透水石、滤纸。将护环与试样一起放入容器内,土样上面覆滤纸、上透水石,然后放下加压导环和传压活塞,使各部密切接触,保持平稳。

(3)将压缩容器置于加压框架正中,密合传压活塞及横梁,预加1.0kPa压力,使固结仪各部分紧密接触,装好百分表,并调整读数至零。

(4)去掉预压荷载,立即加第一级荷载。加砝码时应避免冲击和摇晃,在加上砝码的同时,立即开动秒表。荷载等级一般规定为50kPa、100kPa、200kPa、300kPa、400kPa和600kPa。根据土的软硬程度,第一级荷载可考虑用25kPa。如需进行高压固结,则压力可增加至800kPa、1600kPa和3200kPa。最后一级的压力应大于上覆土层的计算压力100kPa~200kPa。

(5)若是饱和试样,则在施加第一级荷载后,立即向容器中注水至满。若是非饱和试样,需以湿棉纱围住上下透水面四周,避免水分蒸发。

(6)当不需测定沉降速度时,只是各级荷载下的压缩时间规定为1h,仅最后一级荷载下延长至24h,读稳定沉降时的读数(固结稳定的标准是最后1h变形量不超过0.01mm。),测记变形量,并以等比例综合固结度进行修正(注:测定沉降速率仅适用于饱和土)。

(7)试验结束后拆除仪器,小心取出完整土样,称取其质量,并测定其终结含水率(如不需测定试验后的饱和度,则不必测定终结含水率),并将仪器洗干净。

4)结果整理

(1)按下式计算各级荷载下试样校正后的总变形量:

$$\sum \Delta h_i = (h_i)_t \frac{(h_n)_T}{(h_n)_t} = K(h_i)_t \tag{8.17}$$

式中:$\sum \Delta h_i$——某一荷载下校正后的总变形量(mm);

  $(h_i)_t$——同一荷载下压缩1h的总变形量减去该荷载下的仪器变形量(mm);

  $(h_n)_t$——最后一级荷载下压缩1h的总变形量减去该荷载下的仪器变形量(mm);

  $(h_n)_T$——最后一级荷载下达到稳定标准的总变形量减去该荷载下仪器变形量(mm)。

  K——大于1的校正系数,$K = \dfrac{(h_n)_T}{(h_n)_t}$。

(2)试验记录表见表8.4,其余要求与标准固结试验相同。

工程名称＿＿＿＿＿＿＿＿＿＿　　试 验 者＿＿＿＿＿＿＿＿＿＿　　土样编号＿＿＿＿＿＿＿＿＿＿

计 算 者＿＿＿＿＿＿＿＿＿＿　　试验日期＿＿＿＿＿＿＿＿＿＿　　校 核 者＿＿＿＿＿＿＿＿＿＿

试样原始高度 $h_0 =$		$K = \dfrac{(h_n)_T}{(h_n)_t} =$				
加荷时间 （h）	压力 （kPa）	校正前 试样总变形量 （mm）	校正后 试样总变形量 （mm）	压缩后 试样高度 （mm）	单位 沉降量 （mm/m）	备注
	p	$(h_i)_t$	$\sum \Delta h_i = K(h_i)_t$	$h = h_0 - \sum \Delta h_i$	$S_i = \dfrac{\sum \Delta h_i}{h_0} \times 1000$	
1	50					
1	100					
1	200					
1	400					
1	800					
稳定	800					

第9章 剪切试验

9.1 概 述

土的抗剪强度是指土体对于外荷载所产生的剪应力的极限抵抗能力。在外荷载作用下,土体中将产生剪应力和剪切变形,当土中某点由外力所产生的剪应力达到土的抗剪强度时,土就沿着剪应力作用方向产生相对滑动,该点便发生剪切破坏。工程实践和室内试验都证实了土是由于受剪而产生破坏。剪切破坏是土体强度破坏的重要特点,因此,土的强度问题实质上就是土的抗剪强度问题。

在工程实践中,与土的抗剪强度有关的工程问题可以归纳为三类。第一是土作为材料构成的土工构筑物的稳定性问题,如土坝、路堤等填方边坡以及天然土坡等的稳定性问题。第二是土作为工程构筑物的环境问题,即土压力问题,如挡土墙、地下结构等的周围土体,它的强度破坏将造成对墙体过大的侧向土压力,可能导致这些工程构筑物发生滑动、倾覆等破坏事故。第三是土作为建筑物地基的承载力问题,如果基础下的地基土体产生整体滑动或因局部剪切破坏而导致过大的地基变形,则会造成上部结构的破坏或影响其正常使用的事故。所以土的强度问题及其原理将为上述这些土工工程的设计和验算提供理论依据和计算指标。

土的强度确定方法与变形问题一样,也是分室内试验与现场测定两大类。直剪试验是其中最基本的室内试验方法。

9.1.1 土的剪切破坏与库仑定律

土体发生剪切破坏时,将沿着其内部某一曲面(滑动面)产生相对滑动,而该滑动面上的剪应力就等于土的抗剪强度。1776 年,法国的库仑(Coulomb)根据砂土的试验结果[图 9.1a)],将土的抗剪强度表达为滑动面上法向应力的函数,即:

$$\tau_f = \sigma \tan\varphi \tag{9.1}$$

式中: τ_f ——土的抗剪强度(kPa);

σ ——剪切滑动面上的法向应力(kPa);

φ ——土的内摩擦角(°)。

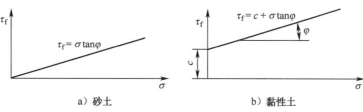

a) 砂土   b) 黏性土

图9.1 土的抗剪强度与法向应力之间的关系

以后根据黏性土的试验结果[图 9.1b)],又提出更为普遍的抗剪强度表达形式:

$$\tau_f = c + \sigma \tan\varphi \qquad\qquad (9.2)$$

式中：c——土的黏聚力(kPa)。

式(9.1)和式(9.2)就是土的强度规律的数学表达式,它是库仑在 18 世纪 70 年代提出的,所以也称为库仑定律,它表明在一般应力水平时土的抗剪强度与滑动面上的法向应力之间成直线关系,直线在纵坐标上的截距即为土的黏聚力 c,直线的倾角即为土的内摩擦角 φ,通常将 c 和 φ 称为土的抗剪强度指标。两百多年来,尽管关于土强度问题的研究已得到很大发展,但这基本的关系式仍广泛应用于土的理论研究和工程实践,而且也能满足一般工程的精度要求,所以迄今为止,它仍是研究土的抗剪强度的最基本定律。

由式(9.1)和式(9.2)可以看出,砂土的抗剪强度由内摩擦力构成,而黏性土的抗剪强度则由内摩擦力和黏聚力两部分构成。内摩擦力主要是由土粒之间的表面摩擦力,以及土粒之间的连锁作用而产生的咬合力所引起;黏聚力则主要由土粒间水膜受到相邻土粒之间的电分子引力以及土中化合物的胶结作用形成。

砂土内摩擦角 φ 的变化范围不是很大,中砂、粗砂、砾砂的 φ 值一般为 $32° \sim 40°$;粉砂、细砂的 φ 值一般为 $28° \sim 36°$。孔隙比越小,φ 越大,但是,含水饱和的粉砂、细砂很容易失去稳定,因此对其内摩擦角的取值宜慎重。砂土有时也有很小的黏聚力(约 10kPa 以内),这可能是由于砂土中夹有一些黏土颗粒,也可能是由于试验误差所引起。

黏性土抗剪强度指标的变化范围很大,与土的种类有关,并且还与土的天然结构是否破坏、试样在法向压力下的排水固结程度以及试验方法等因素有关,黏聚力可从小于 10kPa 变化到 200kPa 以上。

9.1.2 抗剪强度试验方法

实际工程中,在计算承载力、评价地基的稳定性以及计算挡土墙的土压力时,都要用到土的抗剪强度指标。而土的种类(无黏性土、黏性土)、土的状态(密实度、结构、含水状态等)、应力状态和应力历史、试验时的排水条件等都会引起抗剪强度指标的变化。因此,正确地测定土的抗剪强度在工程上具有重要意义。剪切试验就是为确定土的抗剪强度或强度参数而进行的试验。

测定土的抗剪强度指标的试验方法有多种,包括室内试验和原位测试。室内试验常用的有直接剪切试验、三轴压缩试验和无侧限抗压强度试验等;原位测试则有十字板剪切试验等。

1) 直接剪切试验

测定土的抗剪强度的最简单方法是进行直接剪切试验,简称直剪试验。试验所使用的仪器为直剪仪,按加荷载方式的不同,直剪仪可分为应变控制式和应力控制式两种。应变控制式直剪仪是等速水平推动试样产生位移并测定相应的剪应力;而应力控制式直剪仪则是对试样分级施加水平剪应力并测定相应的位移。目前我国普遍采用的是应变控制式直剪仪。

直接剪切试验目前仍然是测定室内土的抗剪强度的最基本方法。试验和工程实践都表明,土的抗剪强度与土受力后的排水固结状况有关,因而在工程设计中所需要的抗剪强度指标,其试验方法必须与现场的施工及使用实际情况相符合。如在软土地基上快速堆填路堤,由于加荷载速度快,地基土渗透性差,则这种条件下的强度和稳定问题是不排水条件下的稳定分析问题,这就要求室内的试验条件应能模拟实际加荷载状况,即在不排水条件下进行剪切试验。但是直剪仪的构造无法满足任意控制试样是否排水的要求,为了在直剪试验中能考虑这类实际需要,可通过快剪、固结快剪和慢剪三种试验方法来近似模拟土体在现场受剪的排水条件。

(1)快剪试验。快剪试验是在对试样施加竖向压力后,立即以 0.8mm/min 的剪切速率快速施加水平剪应力使试样剪切破坏。一般从加荷到土样剪坏只用 3~5min。由于剪切速率较快,可认为对于渗透系数小于 10^{-6}cm/s 的黏性土在剪切过程中试样没有排水固结,近似模拟了"不排水剪切"过程,得到的抗剪强度指标用 c_q、φ_q 表示。

(2)固结快剪试验。固结快剪是在对试样施加竖向压力后,让试样充分排水固结,待沉降稳定后,再以 0.8mm/min 的剪切速率快速施加水平剪应力使试样剪切破坏。固结快剪试验近似模拟了"固结不排水剪切"过程,它只适用于渗透系数小于 10^{-6}cm/s 的黏性土,得到的抗剪强度指标用 c_{cq}、φ_{cq} 表示。

(3)慢剪试验。慢剪试验是在对试样施加竖向压力后,让试样充分排水固结,待沉降稳定后,以小于 0.02mm/min 的剪切速率施加水平剪应力直至试样剪切破坏,使试样在受剪过程中一直充分排水和产生体积变形,模拟了"固结排水剪切"过程,得到的抗剪强度指标用 c_s、φ_s 表示。

上述三种试验方法对黏性土是有意义的,但效果要视土的渗透性大小而定。对于非黏性土,由于土的渗透性很大,即使快剪也会产生排水固结,所以常采用一种剪切速率进行"排水剪"试验。

剪切速率对不同类别土的抗剪强度影响不同。剪切速率对砂土抗剪强度的影响很小,常可忽略不计,但对黏性土抗剪强度的影响则比较明显。黏性土的抗剪强度一般情况都会随剪切速度的加快而增大。较灵敏的土,剪切速率降低 10 倍时,其抗剪强度则会降低 5%~8%。

在直剪试验中,破坏标准取值问题,可大体分为以下两种情况。土的应力-应变曲线一般具有如图 9.2 所示的几种类型,破坏值的选定常有下述情况:如应力-应变曲线具有明显峰值(紧密砂、硬黏土、超固结土),则取峰值作为抗剪强度破坏值;如曲线无峰值(松砂、饱和软黏土、欠固结土等),一般取其剪应变的 15%或试样直径的 1/15~1/10 剪切变形时的剪应力值作为破坏值。

直剪试验具有设备简单、试样制备及试验操作方便等优点,因而至今仍为国内一般工程所广泛使用。但直剪试验也存在不少缺点,主要有:

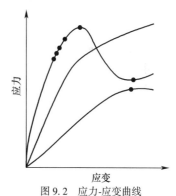

图 9.2　应力-应变曲线

(1)试验时不能严格控制试样的排水条件,并且不能量测孔隙水压力;

(2)剪切面限定在上下盒之间的平面,而不是沿土样最薄弱的面剪切破坏;

(3)剪切面上剪应力分布不均匀,且竖向荷载会发生偏转(上下盒的中轴线不重合),主应力的大小及方向都是变化的;

(4)在剪切过程中,试样剪切面逐渐缩小,而在计算抗剪强度时仍按试样的原截面积计算;

(5)试验时上下盒之间的缝隙中易嵌入砂粒,使试验结果偏大。

2)三轴压缩试验

三轴压缩试验,也称三轴剪切试验,是室内测定土的抗剪强度的一种较为完善的试验方法。三轴压缩试验是以莫尔-库仑强度理论为依据而设计的三轴向加压的剪力试验,通常采用3~4个圆柱形试样,分别在不同的周围压力下测得土的抗剪强度,再利用莫尔-库仑破坏准则确定土的抗剪强度参数。

三轴压缩试验可以严格控制排水条件,同时可以测量土体内的孔隙水压力,另外,试样中的应力状态也比较明确,试样破坏时的破裂面是在最薄弱处,而不像直剪试验那样限定在上下盒之间,同时三轴压缩试验还可以模拟建筑物和建筑物地基的特点以及根据设计施工的不同要求确定试验方法,因此对于特殊建筑物(构筑物)、高层建筑、重型厂房、深层地基、海洋工程、道路桥梁以及交通航务等工程有着特别重要的意义。

三轴压缩试验所使用的仪器为三轴压缩仪,也称三轴剪切仪,依据施加轴向荷载方式的不同,可分为应变控制式和应力控制式两种。目前室内三轴试验基本上采用的是应变控制式三轴压缩仪。

常规三轴试验的一般步骤是:①将试样切制成圆柱体,再将套上乳胶膜的试样放在密闭的压力室中,然后向压力室内注入液压,使试件在各向均受到周围压力 σ_3,并使该周围压力在整个试验过程中保持不变,这时试件内各向的主应力都相等,因此在试件内不产生任何剪应力,如图9.3a)所示。②通过轴向加荷系统对试件施加竖向压力,当作用在试件上的水平向压力保持不变,而竖向压力逐渐增大时,试件终因受剪而破坏,如图9.3b)所示。

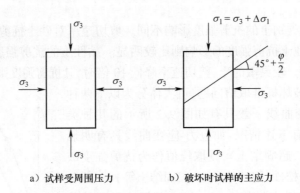

a)试样受周围压力   b)破坏时试样的主应力

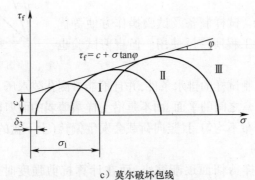

c)莫尔破坏包线

图9.3 三轴压缩试验原理

设剪切破坏时轴向加荷系统加在试件上的竖向压应力(称为偏应力)为 $\Delta\sigma_1$,则试件上的大主应力为 $\sigma_1 = \sigma_3 + \Delta\sigma_1$,而小主应力为 σ_3,据此可作出一个莫尔极限应力圆,如图9.3c)中的圆 I。用同一种土样的三个以上试件,分别在不同的周围压力 σ_3 下进行试验,则可得到一组莫尔极限应力圆,如图9.3c)中的圆Ⅰ、圆Ⅱ和圆Ⅲ。对上述三个圆作一条公切线,这条场线就是土的抗剪强度包线,由此可求得土的抗剪强度指标 c、φ 值。

根据试样固结时的排水条件和剪切时的排水条件,三轴试验可分为不固结不排水剪(UU)试验、固结不排水剪(CU)试验和固结排水剪(CD)试验。

(1)不固结不排水剪(UU)试验。试样在施加周围压力和随后施加偏应力直至剪坏的整个试验过程中都不允许排水,这样从开始加压直至试样剪坏,土中的含水率始终保持不变,孔隙水压力也不可能消散,相当于所施加外荷载全部为孔隙水压力所承担,土样保持初始的有效应力状态。此时,便可以测得土的总应力抗剪强度指标 c_u、φ_u。

(2)固结不排水剪(CU)试验。在施加周围压力 σ_3 时,将排水阀门打开,允许试样充分排水,待固结稳定后关闭排水阀门,然后再施加轴向压力,使试样在不排水的条件下剪切破坏,在受剪过程中同时测定试样中的孔隙水压力。由于不排水,试样在剪切过程中没有任何体积变形。此时,便可以测得土的总应力抗剪强度指标 c_{cu}、φ_{cu} 和有效应力抗剪强度指标 c'、φ'。

(3)固结排水剪(CD)试验。固结排水剪试验在施加周围压力和随后施加轴向压力直至剪坏的整个试验过程中都将排水阀门打开,并给予充分的时间让试样中的孔隙水压力能够完全消散。此时,便可以测得土的有效应力抗剪强度指标 c_d、φ_d。

三轴试验的突出优点是能够控制排水条件以及可以量测试样中孔隙水压力的变化。一般来说,三轴试验的结果还是比较可靠的,因此,三轴压缩仪是土工试验不可缺少的仪器设备。对于常规三轴试验,试件所受的力是轴对称的,即在试件所受的三个主应力中,有两个是相等的。但在工程实际中,土体的受力情况并非属于这类轴对称的情况,而真三轴仪可在不同的三个主应力($\sigma_1 \neq \sigma_2 \neq \sigma_3$)作用下进行试验。

3)无侧限抗压强度试验

无侧限抗压强度是指试样在无侧向压力条件下,抵抗轴向压力的极限强度。无侧限抗压强度试验实际上是三轴压缩试验的一种特殊情况,即周围压力 $\sigma_3 = 0$ 的三轴试验,所以又称单轴试验,在一般情况下适用于测定饱和黏性土的无侧限抗压强度及灵敏度。

无侧限抗压强度试验所使用的无侧限压缩仪如图9.4a)所示,但该试验也可在三轴仪上进行。试验时,在不加任何侧向压力的情况下,对圆柱体试样施加轴向压力,直至试样剪切破坏为止。试样破坏时的轴向压力以 q_u 表示。

由于不能改变周围压力,因而根据试验结果,只能作一个极限应力圆,如图9.4b)所示。而三轴不固结不排水剪试验结果表明,对于饱和黏性土,其破坏包线近似为一水平线,即 $\varphi_u = 0$,因此,对于饱和黏性土的不排水抗剪强度,就可通过无侧限抗压强度 q_u 求得,即:

$$\tau_f = c_u = \frac{q_u}{2} \tag{9.3}$$

式中:τ_f —— 土的不排水抗剪强度(kPa);

$\quad c_u$ —— 土的不排水黏聚力(kPa);

$\quad q_u$ —— 无侧限抗压强度(kPa)。

利用无侧限抗压强度试验可以测定饱和黏性土的灵敏度 S_t。该灵敏度是以原状土的强度与同一土经重塑后(完全扰动但含水率不变)的强度之比来表示的,即:

$$S_t = \frac{q_u}{q_0} \qquad\qquad (9.4)$$

式中：S_t——饱和黏性土的灵敏度；

q_u——原状土的无侧限抗压强度（kPa）；

q_0——重塑土的无侧限抗压强度（kPa）。

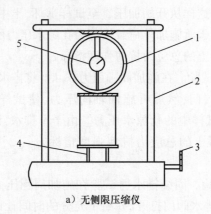

a）无侧限压缩仪

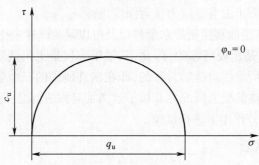

b）无侧限抗压强度试验结果

图9.4　无侧限抗压强度试验

1-量力环;2-加压框架;3-手轮;4-升降螺杆;5-百分表

根据灵敏度的大小，可将饱和黏性土分为低灵敏土（$1 < S_t \leqslant 2$）、中灵敏土（$2 < S_t \leqslant 4$）和高灵敏土（$S_t > 4$）三类。土的灵敏度越高，其结构性越强，受扰动后土的强度降低就越多。黏性土受扰动而强度降低的性质，一般来说对工程建设是不利的，如在基坑开挖过程中，因施工可能造成土的扰动而使地基强度降低。

4）十字板剪切试验

前面所介绍的三种试验方法都是室内测定土的抗剪强度的方法，这些试验方法都要求事先取得原状土样，但由于试样在采集、运输、保管和制备等过程中不可避免地会受到扰动，土的含水率也难以保持天然状态，特别是对于高灵敏度的黏性土，因此，室内试验结果对土的实际情况的反映就会受到不同程度的影响。十字板剪切试验是土的抗剪强度的一种原位测试方法，这种试验方法适用于饱和黏性上，特别适用于均匀饱和软黏土。十字板剪切试验在我国沿海软土地区被广泛使用，所测得的抗剪强度值，相当于试验深度处的天然土层在原位压力下固结的不排水抗剪强度。

十字板剪力仪的构造如图 9.5 所示。试验时,先把套管打到要求测试的深度以上 75cm,并将套管内的土清除,然后通过套管将安装在钻杆下的十字板压入土中至测试的深度。然后由地面上的扭力装置对钻杆施加力矩,使埋在土中的十字板扭转,直至土体剪切破坏,破坏面为十字板旋转所形成的圆柱面。

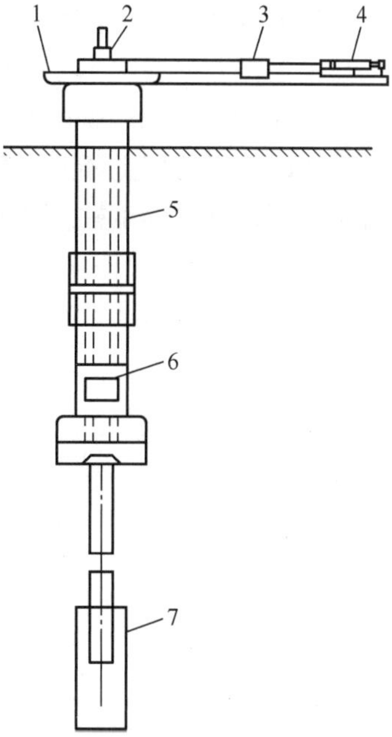

设土体剪切破坏时所施加的力矩为 M,则它应该与剪切破坏圆柱侧面和圆柱上下面土的抗剪强度所产生的抵抗力矩相等,即:

$$M = \pi DH \times \frac{D}{2}\tau_V + 2 \times \frac{\pi D^2}{4} \times \frac{2}{3} \times \frac{D}{2} \times \tau_H$$

$$= \frac{1}{2}\pi D^2 H \tau_V + \frac{1}{6}\pi D^3 H \tau_H \qquad (9.5)$$

式中:M ——剪切破坏时的力矩(kN·m);

τ_V、τ_H ——剪切破坏时圆柱体侧面和上、下面土的抗剪强度(kPa);

H ——十字板的高度(m);

D ——十字板的直径(m)。

天然状态的土体是各向异性的,但实用上为了简化计算,往往假定土体为各向同性体,即 $\tau_V = \tau_H$,并记作 τ_+,则式(9.5)可写成:

$$\tau_+ = \frac{2M}{\pi D^2 \left(H + \dfrac{D}{3} \right)} \qquad (9.6)$$

式中:τ_+ ——十字板测定的土的抗剪强度(kPa)。

由于十字板剪切试验是直接在原位进行试验,不必取土样,故土体所受的扰动较小,被认为是比较能反映土体原位强度的测试方法,但如果在软土层中夹有薄层粉细砂或粉土,则十字板试验结果就可能会偏大,使用时必须谨慎。

图 9.5 十字板剪切仪
1-转盘;2-固定螺丝;3-摇柄;4-弹簧秤;
5-套管;6-导轮;7-十字板

9.2 试验方法及原理

9.2.1 慢剪试验

慢剪试验适用于测定细粒土和砂类土的抗剪强度指标。

1)仪器设备

(1)应变控制式直剪仪:由剪切盒、垂直加荷设备、剪切传动装置、测力计和位移量测系统组成,如图 9.6 所示。

(2)环刀:内径 61.8mm,高 20mm。

(3)位移量测设备:百分表或位移传感器。

2)试样

(1)原状土试样制备。

①每组试样制备不得小于4个。

②按土样上下层次小心开启原状土包装皮,将土样取出放正,整平两端。在环刀内壁涂一薄层凡士林,刀口向下,放在土样上。当无特殊要求时,切土方向与天然土层层面垂直。

③在试验用的切土环刀内壁涂一薄层凡士林,刀口向下,放在试件上,用切土刀将试件削成略大于环刀直径的土柱。然后将环刀垂直向下压,边压边削,至土样伸出环刀上部为止,削平环刀两端,擦净环刀外壁,称取环刀和土的合质量,精确至0.1g,并测定环刀两端所削下土样的含水率。试件与环刀要密合,否则应重取。

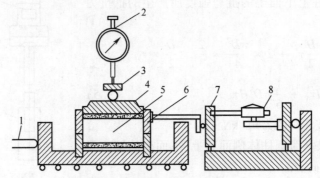

图9.6　应变控制式直剪仪示意图

1-推动座;2-垂直位移百分表;3-垂直加荷框架;4-活塞;5-试样;6-剪切盒;7-测力计;8-测力百分表

切削过程中,应细心观察并记录试件的层次、气味、颜色,有无杂质,土质是否均匀,有无裂缝等。

如连续切取数个试件,应使含水率不发生变化。

视试件本身及工程要求,决定试件是否进行饱和,如不立即进行试验或饱和时,则应将试件暂存于保湿器内。

切取试件后,剩余的原状土样用蜡纸包好置于保湿器内,以备补做试验用。切削的余土做物理性试验。平行试验或同一组试件密度差值不大于±0.1g/cm³,含水率差值不大于2%。

(2)扰动土样的制备。

扰动土样制备分为细粒土扰动土样制备和粗粒土扰动土样制备。

细粒土扰动土样制备可以分为以下几个步骤:

①对扰动土样进行描述,如颜色、土类、气味及夹杂物等。如有需要,将扰动土样充分拌匀,取代表性土样进行含水率测定。

②将块状扰动土用木碾或粉碎机碾散,但切勿压碎颗粒,如含水率较大不能碾散时,应风干至可碾散时为止。

③根据试验所需土样数量,将碾散后的土样过筛。例如,对于界限含水率试验(液限、塑限和缩限)土样等,需将土样过0.5mm筛;对于击实试验土样,需将土样过5mm筛。按规定过标准筛后,取出足够数量的代表性试样,然后分别装入容器内,贴上标签。标签上应注明工程名称、土样编号、过筛孔径、用途、制备日期和人员等,以备各项试验之用。若是含有较多粗砂及少量细粒土(泥沙或黏土)的松散土样,应加水润湿松散后,用四分法取出代表性试样;若是净砂,则可用匀土器取代表性试样。

④为配制一定含水率的试样,取过筛的足够试验用的风干土,计算所需加水量;然后将所取土样平铺于不吸水的盆内,用喷雾设备喷洒预计的加水量,并充分拌和,然后装入容器内盖

紧,润湿一昼夜备用(砂类土浸润时间可酌情缩短)。

⑤测定湿润土样不同位置的含水率(至少两个以上),要求差值满足含水率测定的允许平行差值。

⑥用不同土层的土样制备混合试样时,应根据各土层厚度,按比例计算相应质量配合,然后按上述步骤进行扰动土的制备工序。

粗粒土扰动土样制备可以分为以下几个步骤:

①无黏聚性的松散砂土、沙砾及砾石等制备土样。根据试验所需土样数量,将碾散后的土样过筛。按规定过标准筛后,取出足够数量的代表性试样,然后分别装入容器内,贴上标签。标签上应注明工程名称、土样编号、过筛孔径、用途、制备日期和人员等,以备各项试验之用。取出足够数量的代表性试样,做颗粒分析使用,其余过 5mm 筛,筛上、筛下土样分别储存,供做比重及最大、最小孔隙比等试验;取一部分过 2mm 筛的土样备力学性质试验之用。

②若沙砾土有部分黏土黏附在砾石上,可用毛刷仔细刷尽捏碎过筛,或先用水浸泡,然后用 2mm 筛将浸泡过的土样在筛上冲洗,取筛上及筛下具有代表性试样做颗粒分析用。

③将过筛土样或冲洗下来的土浆风干至碾散为止,再按上述细粒土扰动土样制备的第①~④步进行操作。

(3)试件饱和。

根据土的性质,确定饱和方法。

砂类土:可直接在仪器内浸水饱和。

较易透水的黏性土:即渗透系数大于 10^{-4}cm/s 时,采用毛细管饱和法较为方便,或采用浸水饱和法。

不易透水的黏性土:即渗透系数小于 10^{-4}cm/s 时,采用真空饱和法。若土的结构性较弱,抽气可能发生扰动,则不宜采用。

3)试验步骤

(1)对准剪切容器上下盒,插入固定销,在下盒内放透水石和滤纸,将带有试样的环刀刃向上,对准剪盒口,在试样上放滤纸和透水石,将试样小心地推入剪切盒内。

(2)移动传动装置,使上盒前端钢珠刚好与测力计接触,依次加上传压板、加压框架,安装垂直位移量测装置,测记初始读数。

(3)根据工程实际和土的软硬程度施加各级垂直压力,然后向盒内注水;当试样为非饱和试样时,应在加压板周围包以湿棉花。

(4)施加垂直压力,每 1h 测记垂直变形一次。试样固结稳定时的垂直变形值为每 1h 不大于 0.005mm。

(5)拔去固定销,以小于 0.02mm/min 的速度进行剪切,并每隔一定时间测记测力计百分表读数,直至剪损。

(6)当测力计百分表读数不变或后退时,继续剪切至剪切位移为 4mm 时停止,记下破坏值。当剪切过程中测力计百分表无峰值时,剪切至剪切位移达 6mm 时停止。

(7)剪切结束,吸去盒内积水,退掉剪切力和垂直压力,移动压力框架,取出试样,测定其含水率。

4)结果整理

(1)剪应力按下式计算:

$$\tau = \frac{CR}{A_0} \times 10 \tag{9.7}$$

式中：τ——剪应力(kPa)，精确至0.1kPa；

　　　C——测力计率定系数(N/0.01mm)；

　　　R——测力计读数(0.01mm)；

　　　A_0——试样初始的面积(cm^2)；

　　　10——单位换算系数。

（2）以剪切位移τ为横坐标，剪应力τ为纵坐标，绘制τ-τ曲线，如图9.7所示。

（3）以垂直压力p为横坐标，抗剪强度S为纵坐标，将每一试样的抗剪强度点绘在坐标纸上，并连成一直线。此直线的倾角为内摩擦角φ，纵坐标上的截距为黏聚力c，如图9.8所示。

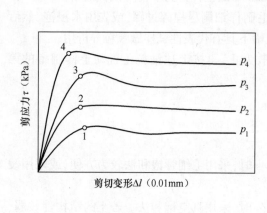

图9.7　Δl=τ曲线

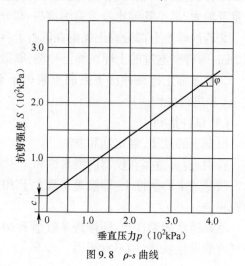

图9.8　ρ-s曲线

（4）直接剪切试验记录表见表9.1和表9.2。

直接剪切试验记录表（一）　　　　　　　　　　　　表9.1

工程名称＿＿＿＿＿＿＿＿　　土样编号＿＿＿＿＿＿＿＿　　土粒比重＿＿＿＿＿＿＿＿

试　验　者＿＿＿＿＿＿＿＿　　校核者＿＿＿＿＿＿＿＿　　试验日期＿＿＿＿＿＿＿＿

试样编号		1			2			3			4			5		
		起始	饱和后	剪后	起始	饱和后	剪后	起始	饱和后	剪后	起始	饱和后	剪后	起始	饱和后	剪后
项目	计算方法															
湿密度ρ (g/cm^3) (1)																
含水率w (%)　(2)																
干密度ρ_d (g/cm^3)　(3)	$\dfrac{(1)}{1+\dfrac{(2)}{100}}$															

84

试样编号		1			2			3			4			5		
		起始	饱和后	剪后	起始	饱和后	剪后	起始	饱和后	剪后	起始	饱和后	剪后	起始	饱和后	剪后
项目	计算方法															
孔隙比 e （4）	$\dfrac{10G_s}{（3）}-1$															
饱和度 S_r （%）（5）	$\dfrac{G_s（2）}{（4）}$															

直接剪切试验记录表（二） 表 9.2

工程名称 ＿＿＿＿＿＿＿＿＿＿ 土样编号 ＿＿＿＿＿＿＿＿＿ 试验方法 ＿慢剪＿

试 验 者 ＿＿＿＿＿＿＿＿＿＿ 校核者 ＿＿＿＿＿＿＿＿＿＿ 试验日期 ＿＿＿＿＿＿＿＿

试样编号： 仪器编号：
手轮转速： 垂直压力：
测力计校正系数 $C=6.21\text{kPa}/0.01\text{mm}$
剪切前固结时间： 剪切历时：
剪切前压缩量： 抗剪强度：

手轮转数 （1）	测力计百分表读数 （0.01mm）（2）	剪切位移 （0.01mm）（3）=（1）×20-（2）	剪应力 （kPa）（4）=（2）×C	垂直位移 （0.01mm）	手轮转数 （1）	测力计百分表读数 （0.01mm）（2）	剪切位移 （0.01mm）（3）=（1）×20-（2）	剪应力 （kPa）（4）=（2）×C	垂直位移 （0.01mm）
1					16				
2					17				
3					18				
4					19				
5					20				
6					21				
7					22				
8					23				
9					24				
10					25				
11					26				
12					27				
13					28				
14					29				
15									

9.2.2　固结快剪试验

固结快剪试验适用于细粒土或粒径 2mm 以下的砂类土。

1)仪器设备

（1）应变控制式直剪仪：由剪切盒、垂直加荷设备、剪切传动装置、测力计和位移量测系统组成，如图 9.6 所示。

（2）环刀：内径 61.8mm，高 20mm。

（3）位移量测设备：百分表或位移传感器。

2)试样

（1）原状土试样制备。

①每组试样制备不得小于 4 个。

②按土样上下层次小心开启原状土包装皮，将土样取出放正，整平两端。在环刀内壁涂一薄层凡士林，刀口向下，放在土样上。当无特殊要求时，切土方向与天然土层层面垂直。

③在试验用的切土环刀内壁涂一薄层凡士林,刀口向下,放在试件上,用切土刀将试件削成略大于环刀直径的土柱。然后将环刀垂直向下压,边压边削,至土样伸出环刀上部为止,削平环刀两端,擦净环刀外壁,称取环刀和土的合质量,精确至 0.1g,并测定环刀两端所削下土样的含水率。试件与环刀要密合,否则应重取。

切削过程中,应细心观察并记录试件的层次、气味、颜色,有无杂质,土质是否均匀,有无裂缝等。

如连续切取数个试件,应使含水率不发生变化。

视试件本身及工程要求,决定试件是否进行饱和,如不立即进行试验或饱和时,则应将试件暂存于保湿器内。

切取试件后,剩余的原状土样用蜡纸包好置于保湿器内,以备补做试验用。切削的余土做物理性试验。平行试验或同一组试件密度差值不大于 ±0.1g/cm³,含水率差值不大于 2%。

(2)扰动土样的制备。

扰动土样制备分为细粒土扰动土样制备和粗粒土扰动土样制备。

细粒土扰动土样制备可以分为以下几个步骤:

①对扰动土样进行描述,如颜色、土类、气味及夹杂物等。如有需要,将扰动土样充分拌匀,取代表性土样进行含水率测定。

②将块状扰动土用木碾或粉碎机碾散,但切勿压碎颗粒,如含水率较大不能碾散时,应风干至可碾散时为止。

③根据试验所需土样数量,将碾散后的土样过筛。例如,对于界限含水率试验(液限、塑限和缩限)土样等,需将土样过 0.5mm 筛;对于击实试验土样,需将土样过 5mm 筛。按规定过标准筛后,取出足够数量的代表性试样,然后分别装入容器内,贴上标签。标签上应注明工程名称、土样编号、过筛孔径、用途、制备日期和人员等,以备各项试验之用。若是含有较多粗砂及少量细粒土(泥砂或黏土)的松散土样,应加水润湿松散后,用四分法取出代表性试样;若是净砂,则可用匀土器取代表性试样。

④为配制一定含水率的试样,应取过筛的足够试验用的风干土,计算所需加水量;然后将所取土样平铺于不吸水的盆内,用喷雾设备喷洒预计的加水量,并充分拌和,然后装入容器内盖紧,润湿一昼夜备用(砂类土浸润时间可酌情缩短)。

⑤测定湿润土样不同位置的含水率(至少两个以上),要求差值满足含水率测定的允许平行差值。

⑥对不同土层的土样制备混合试样时,应根据各土层厚度,按比例计算相应质量配合,然后上述步骤进行扰动土的制备工序。

粗粒土扰动土样制备可以分为以下几个步骤:

①无黏聚性的松散砂土、沙砾及砾石等制备试样。根据试验所需土样数量,将碾散后的土样过筛。按规定过标准筛后,取出足够数量的代表性试样,然后分别装入容器内,贴上标签。标签上应注明工程名称、土样编号、过筛孔径、用途、制备日期和人员等,以备各项试验之用。取出足够数量的代表性试样,做颗粒分析使用,其余过 5mm 筛,筛上、筛下土样分别储存,供做比重及最大、最小孔隙比等试验用;取一部分过 2mm 筛的土样备力学性质试验之用。

②若沙砾土有部分黏土黏附在砾石上,可用毛刷仔细刷尽捏碎过筛,或先用水浸泡,然后用 2mm 筛将浸泡过的土样在筛上冲洗,取筛上及筛下具有代表性试样做颗粒分析用。

③将过筛土样或冲洗下来的土浆风干至碾散为止,再按上述细粒土扰动土样制备的第①~④步进行操作。

(3)试件饱和。

根据土的性质,确定饱和方法。

砂类土:可直接在仪器内浸水饱和。

较易透水的黏性土:即渗透系数大于 10^{-4} cm/s 时,采用毛细管饱和法较为方便,或采用浸水饱和法。

不易透水的黏性土:即渗透系数小于 10^{-4} cm/s 时,采用真空饱和法。若土的结构性较弱,抽气可能发生扰动,则不宜采用。

3)试验步骤

(1)对准剪切容器上下盒,插入固定销,在下盒内放透水石和滤纸,将带有试样的环刀刃向上,对准剪盒口,在试样上放滤纸和透水石,将试样小心地推入剪切盒内。

(2)移动传动装置,使上盒前端钢珠刚好与测力计接触,依次加上传压板、加压框架,安装垂直位移量测装置,测记初始读数。

(3)根据工程实际和土的软硬程度施加各级垂直压力,然后向盒内注水;当试样为非饱和试样时,应在加压板周围包以湿棉花。

(4)施加垂直压力,每 1h 测记垂直变形一次。试样固结稳定时的垂直变形值为每 1h 不大于 0.005mm。

(5)拔去固定销,以小于 0.8mm/min 的速度进行剪切,并每隔一定时间测记测力计百分表读数,直至剪损。

(6)当测力计百分表读数不变或后退时,继续剪切至剪切位移为 4mm 时停止,记下破坏值。当剪切过程中测力计百分表无峰值时,剪切至剪切位移达 6mm 时停止。

(7)剪切结束,吸去盒内积水,退掉剪切力和垂直压力,移动压力框架,取出试样,测定其含水率。

4)结果整理

固结快剪试验的结果整理方法与慢剪试验的结果整理方法相同。

知 识 链 接

(1)固结快剪试验是在试样上施加垂直压力,待排水稳定后施加水平剪切力进行剪切。

由于仪器结构的限制,无法控制试样的排水条件,故以剪切速率的快慢来控制试样的排水条件。实际上,对渗透性大的土类还是要进行排水。

(2)剪切速率规定为 0.8mm/min,要求在 3~5min 内剪损,目的是在剪切过程中尽量避免试样出现排水现象。

9.2.3 快剪试验

本试验适用于细粒土或粒径2mm以下的砂类土。

1)仪器设备

(1)应变控制式直剪仪:由剪切盒、垂直加荷设备、剪切传动装置、测力计和位移量测系统组成,如图9.6所示。

(2)环刀:内径61.8mm,高20mm。

(3)位移量测设备:百分表或位移传感器。

2)试样

(1)原状土试样制备。

①每组试样制备不得小于4个。

②按土样上下层次小心开启原状土包装皮,将土样取出放正,整平两端。在环刀内壁涂一薄层凡士林,刀口向下,放在土样上。当无特殊要求时,切土方向与天然土层层面垂直。

③在试验用的切土环刀内壁涂一薄层凡士林,刀口向下,放在试件上,用切土刀将试件削成略大于环刀直径的土柱。然后将环刀垂直向下压,边压边削,至土样伸出环刀上部为止,削平环刀两端,擦净环刀外壁,称取环刀和土的合质量,准确至0.1g,并测定环刀两端所削下土样的含水率。试件与环刀要密合,否则应重取。

切削过程中,应细心观察并记录试件的层次、气味、颜色,有无杂质,土质是否均匀,有无裂缝等。

如连续切取数个试件,应使含水率不发生变化。

视试件本身及工程要求,决定试件是否进行饱和。如不立即进行试验或饱和,则应将试件暂存于保湿器内。

切取试件后,剩余的原状土样用蜡纸包好置于保湿器内,以备补做试验用。切削的余土做物理性试验。平行试验或同一组试件密度差值不大于±0.1g/cm³,含水率差值不大于2%。

(2)扰动土样的制备。

扰动土样制备分为细粒土扰动土样制备和粗粒土扰动土样制备。

细粒土扰动土样制备可以分为以下几个步骤:

①对扰动土样进行描述,如颜色、土类、气味及夹杂物等,如有需要,将扰动土样充分拌匀,取代表性土样进行含水率测定。

②将块状扰动土用木碾或粉碎机碾散,但切勿压碎颗粒,如含水率较大不能碾散,应风干至可碾散时为止。

③根据试验所需土样数量,将碾散后的土样过筛。例如,对于界限含水率试验(液限、塑限和缩限)土样等,需将土样过0.5mm筛;对于击实试验土样,需将土样过5mm筛。按规定过标准筛后,取出足够数量的代表性试样,然后分别装入容器内,贴上标签。标签上应注明工程名称、土样编号、过筛孔径、用途、制备日期和人员等,以备各项试验之用。若是含有较多粗砂及少量细粒土(泥沙或黏土)的松散土样,应加水润湿松散后,用四分法取出代表性试样;若是净砂,则可用匀土器取代表性试样。

④为配制一定含水率的试样,取过筛的足够试验用的风干土,计算所需加水量;然后将所取土样平铺于不吸水的盆内,用喷雾设备喷洒预计的加水量,并充分拌和,然后装入容器内盖紧,润湿一昼夜备用(砂类土浸润时间可酌情缩短)。

⑤测定湿润土样不同位置的含水率(至少两个以上),要求差值满足含水率测定的允许平行差值。

⑥对不同土层的土样制备混合试样时,应根据各土层厚度,按比例计算相应质量配合,然后上述步骤进行扰动土的制备工序。

粗粒土扰动土样制备可以分为以下几个步骤:

①无黏聚性的松散砂土、沙砾及砾石等制备试样。根据试验所需土样数量,将碾散后的土样过筛。按规定过标准筛后,取出足够数量的代表性试样,然后分别装入容器内,贴上标签。标签上应注明工程名称、土样编号、过筛孔径、用途、制备日期和人员等,以备各项试验之用。取出足够数量的代表性试样,做颗粒分析使用,其余过 5mm 筛,筛上、筛下土样分别储存,供做比重及最大、最小孔隙比等试验用;取一部分过 2mm 筛的土样备力学性质试验之用。

②若沙砾土有部分黏土黏附在砾石上,可用毛刷仔细刷尽捏碎过筛,或先用水浸泡,然后用 2mm 筛将浸泡过的土样在筛上冲洗,取筛上及筛下具有代表性试样做颗粒分析用。

③将过筛土样或冲洗下来的土浆风干至碾散为止,再按上述细粒土扰动土样制备的第①~④步进行操作。

(3)试件饱和。

根据土的性质,确定饱和方法。

砂类土:可直接在仪器内浸水饱和。

较易透水的黏性土:即渗透系数大于 10^{-4}cm/s 时,采用毛细管饱和法较为方便,或采用浸水饱和法。

不易透水的黏性土:即渗透系数小于 10^{-4}cm/s 时,采用真空饱和法。若土的结构性较弱,抽气可能发生扰动,则不宜采用。

3)试验步骤

(1)对准剪切容器上下盒,插入固定销,在下盒内放透水石和滤纸,将带有试样的环刀刃向上,对准剪盒口,在试样上放滤纸和透水石,将试样小心地推入剪切盒内。

(2)移动传动装置,使上盒前端钢珠刚好与测力计接触,依次加上传压板、加压框架,安装垂直位移量测装置,测记初始读数。

(3)根据工程实际和土的软硬程度施加各级垂直压力,然后向盒内注水;当试样为非饱和试样时,应在加压板周围包以湿棉花。

(4)拔去固定销,以小于 0.8mm/min 的速度进行剪切,并每隔一定时间测记测力计百分表读数,直至剪损。

(5)当测力计百分表读数不变或后退时,继续剪切至剪切位移为 4mm 时停止,记下破坏值。当剪切过程中测力计百分表无峰值时,剪切至剪切位移达 6mm 时停止。

(6)剪切结束,吸去盒内积水,退掉剪切力和垂直压力,移动压力框架,取出试样,测定其含水率。

4) 结果整理

快剪试验的结果整理方法与慢剪试验的结果整理方法相同。

知 识 链 接

快剪试验是在试样上施加垂直压力后,立即施加水平剪切力进行剪切。快剪试验用于在土体上施加荷载和剪切过程中均不发生固结和排水作用的情况。如公路挖方边坡一般比较干燥,施工期边坡不发生排水固结作用,可以采用快剪试验。

第10章 承载比(CBR)试验

10.1 概　述

承载比(California Bearing Ratio,简称 CBR)是指试件贯入量达规定值,单位压力与标准碎石压入相同贯入量时标准荷载强度的比值,以百分率表示。

最大承载比(Maximum California Bearing Ratio,简称 CBRmax)是指击实功一定时,土的承载比与含水率关系曲线上的承载比极大值。

承载比是评定路基土和路面材料的强度指标,是路面材料和路基土的设计参数,也是路基填料的选择依据。

10.2　试验方法及原理

10.2.1　承载比(CBR)试验方法及原理

承载比试验适用于在规定的试筒内制件后,对各种土进行试验。试样的最大粒径宜控制在 20mm 以内,最大粒径不得超过 40mm,且粒径在 20~40mm 的颗粒含量不宜超过 5%。

1)仪器设备

(1)圆孔筛:孔径 40mm、20mm 及 5mm 筛各 1 个。

(2)试筒:内径 152mm、高 170mm 的金属圆筒;套环,高 50mm;筒内垫块,直径 151mm、高 50mm;夯击底板,同击实仪。试筒的形式和主要尺寸如图 10.1 所示。此外,也可用击实试验的大击实筒。

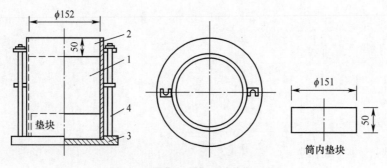

图 10.1　承载比试筒(尺寸单位:mm)
1-试筒;2-套环;3-夯击底板;4-拉杆

(3)夯锤和导管:夯锤的底面直径 50mm,总质量 4.5kg。夯锤在导管内的总行程为 450mm,夯锤的形式和尺寸与重型击实试验法所用的相同。

92

（4）贯入杆：端面直径 50mm、长约 100mm 的金属柱。

（5）路面材料强度仪或其他荷载装置，如手摇测力计式荷载装置（图 10.2）。要求能调节贯入速度至每分钟贯入 1mm；测力环应包括 7.5kN、15kN、30kN、60kN、100kN 和 150kN 等型号。

（6）百分表：3 个。

（7）试件顶面上的多孔板（如带调节杆的多孔板，用于测量试件吸水时的膨胀量），如图 10.3 所示。

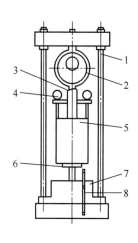

图 10.2　手摇测力计式载荷装置示意图
1-框架；2-测力环；3-贯入杆；4-百分表；
5-试件；6-升降台；7-蜗轮蜗杆箱；
8-摇把

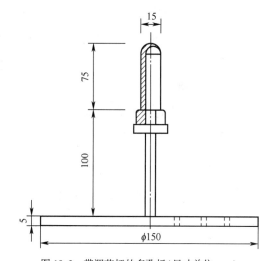

图 10.3　带调节杆的多孔板（尺寸单位：mm）

（8）多孔底板（试件放上后浸泡水中）。

（9）膨胀量测定装置，如图 10.4 所示。

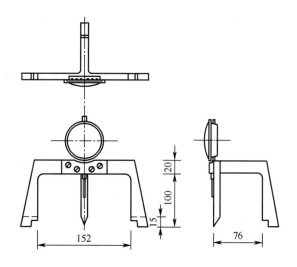

图 10.4　膨胀量测定装置（尺寸单位：mm）

93

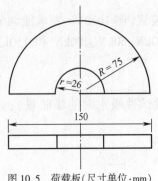

图 10.5　荷载板(尺寸单位:mm)

（10）荷载板:直径 150mm,中心孔直径 52mm,每块质量 1.25kg,共 4 块,并沿直径分为两个半圆块,如图 10.5 所示。

（11）水槽:浸泡试件用,槽内水面应高出试件顶面 25mm。

（12）天平:称量 2000g,感量 0.01g;称量 50kg,感量 5g。

（13）其他:拌和盘、直尺、滤纸、推土器等,与击实试验相同。

2) 试样

（1）将具有代表性的风干试料(必要时可在 50℃烘箱内烘干),用木碾捣碎。土团应捣碎到过 5mm 的筛孔。用 40mm 筛筛除大于 40mm 的颗粒,并记录超尺寸颗粒的百分数。

（2）按击实试验方法确定试料的最大干密度和最佳含水率。

3) 试验步骤

（1）取代表性的试料测定其风干含水率。按最佳含水率制备 3 个试件,掺水将试料充分拌匀后装入密闭容器或塑料口袋内浸润。黏性土浸润时间不得少于 24h,粉性土可缩短到 12h,砂土可缩短到 6h,天然沙砾可缩短到 2h 左右。

特别需要注意:①有需要时,可制备三种干密度试件,使试件的干密度控制在最大干密度的 90%~100%。若每种干密度试件制 3 个,则共制 9 个试件,9 个试件共需试样约 55kg。②采用击实成型试件时,每层击数一般分别为 30 次、50 次和 98 次。③采用静压成型制件时,根据确定的压实度计算所需的试样量,一次静压成型。

（2）称取试筒本身质量(m_1),将试筒固定在底板上,将垫块放入筒内,并在垫块上放一张滤纸,安上套环。

（3）取备好的试样分 3 次倒入筒内(每层需试样 1500~1750g,其量应使击实后的试样高出 1/3 筒高 1~2mm)。整平表面,并稍加压紧,然后按规定的击数进行第一层试样的击实。击实时锤应自由垂直落下,锤迹必须均匀分布于试样面上。第一层击实完后,将试样层面"拉毛",然后再装入套筒,重复上述方法进行其余每层试样的击实。大试筒击实后,试样不宜高出筒高 10mm。

（4）每击实 3 筒试件,取代表性试样进行含水率试验。

（5）卸下套环,用直刮刀沿试筒顶修平击实的试件,表面不平整处用细料修补。取出垫块,称取试筒和试件的质量(m_2)。

（6）CBR 试样制件采用静压成型制件时,根据确定的压实度计算所需的试样量,一次静压成型。

（7）泡水测膨胀量的步骤如下:

①试件制成后,取下试件顶面的残破滤纸,放一张好滤纸,并在其上安装附有调节杆的多孔板,在多孔板上加 4 块荷载板。

②将试筒与多孔板一起放入槽内(先不放水),并用拉杆将模具拉紧,安装百分表,并读取初读数。

③向水槽内注水,使水漫过试筒顶部。在泡水期间,槽内水面应保持在试筒顶面以上约 25mm。通常试件要泡水 4 昼夜。

④泡水终了时,读取试件上百分表的终读数,并按式(10.1)计算膨胀率:

$$\delta_e = \frac{H_1 - H_0}{H_0} \times 100 \tag{10.1}$$

式中: δ_e ——试件泡水后的膨胀率(%),精确至 0.1%;

H_1——试件泡水终了的高度(mm);

H_0——试件初始高度(mm)。

⑤从水槽中取出试件,倒出试件顶面的水,静置15min,让其排水,然后卸去附加荷载和多孔板、底板和滤纸,并称量其质量(m_3),以计算试件的湿度和密度的变化。

(8)进行贯入试验。

①应选用合适吨位的测力环,贯入结束时测力环读数宜占其量程的1/3以上。

②将泡水试验终了的试件放到路面材料强度试验仪的升降台上,调整偏球座,对准、整平并使贯入杆与试件顶面全面接触,在贯入杆周围放置4块荷载板。

③先在贯入杆上施加少许荷载,以便试样与土样紧密接触,然后将测力和测变形的百分表的指针均调至整数,并记读初始读数。

④加荷使贯入杆以1~1.25mm/min的速度压入试件,同时测记3个百分表的读数。记录测力计内百分表某些整读数(如20、40、60)时的贯入量,并注意使贯入量为250×10^{-2}mm时,能有5个以上的读数。因此,测力计内的第一个读数应是贯入量30×10^{-2}mm左右。

4)结果整理

(1)以单位压力p为横坐标,贯入量l为纵坐标,绘制p-l曲线,如图10.6所示。图上曲线1是合适的。曲线2开始段是凹曲线,需要进行修正。修正时在变曲率点引一切线,与纵坐标交于O'点,O'即为修正后的原点。

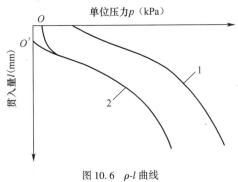

图10.6 ρ-l曲线

(2)根据式(10.2)和式(10.3)分别计算贯入量为2.5mm和5mm时的承载比(CBR):

$$CBR = \frac{p}{7000} \times 100 \qquad (10.2)$$

$$CBR = \frac{p}{10500} \times 100 \qquad (10.3)$$

式中:CBR——承载比(%),精确至0.1%;

p——单位压力(kPa)。

取两者的较大值作为该材料的承载比。

(3)试件的湿密度按式(10.4)计算:

$$\rho = \frac{m_2 - m_1}{2177} \qquad (10.4)$$

式中:ρ——试件的湿密度(g/cm³),精确至0.01g/cm³;

m_2——试筒和试件的合质量(g);

m_1——试筒的质量(g);

2177——试筒的容积(cm^3)。

(4)试件的干密度按式(10.5)计算:

$$\rho_d = \frac{\rho}{1 + 0.01w} \tag{10.5}$$

式中:ρ_d——试件的干密度(g/cm^3),精确至$0.01g/cm^3$;

$\quad$ w——试件的含水率(%)。

(5)泡水后试件的吸水量按式(10.6)计算:

$$w_a = m_3 - m_2 \tag{10.6}$$

式中:w_a——泡水后试件的吸水量(g);

$\quad$ m_3——泡水后试筒和试件的合质量(g);

$\quad$ m_2——试筒和试件的合质量(g)。

(6)贯入试验记录表和膨胀量试验记录表分别见表10.1和表10.2。

贯入试验记录表 $\qquad$ 表10.1

土样编号＿＿＿＿＿＿＿＿＿ $\qquad$ 试 验 者＿＿＿＿＿＿＿＿＿ $\qquad$ 最大干密度＿＿＿＿＿＿＿＿＿

计 算 者＿＿＿＿＿＿＿＿＿ $\qquad$ 最佳含水率＿＿＿＿＿＿＿＿＿ $\qquad$ 校 核 者＿＿＿＿＿＿＿＿＿

每层击数＿＿＿＿＿＿＿＿＿ $\qquad$ 试验日期＿＿＿＿＿＿＿＿＿ $\qquad$ 试件编号＿＿＿＿＿＿＿＿＿

测力环校正系数 $C =$＿＿＿kN/0.01mm,贯入杆面积 $A = 1.9635 \times 10^{-3} m^2$

$P = \dfrac{CR}{A}$

$l =$＿＿＿时, $p =$＿＿＿kPa $\qquad$ CBR $= \dfrac{P}{7000} \times 100 =$

$l =$＿＿＿时, $p =$＿＿＿kPa $\qquad$ CBR $= \dfrac{P}{10500} \times 100 =$

荷载测力计百分表		单位压力	贯入量百分表读数					贯入量
读数	变形值		左表		右表		平均值	
			读数	位移值	读数	位移值		
R'_i (0.01mm)	$R_i = R'_{i+1} - R'_i$ (0.01mm)	p (kPa)	R_{1i} (0.01mm)	$R_{1i} = R_{1i+1} - R_{1i}$ (0.01mm)	R_{2i} (0.01mm)	$R_{2i} = R_{2i+1} - R_{2i}$ (0.01mm)	$R_1 = \dfrac{R_1 + R_2}{2}$ (0.01mm)	l (mm)

	试验次数		计算方法		
膨胀量	筒号	（1）			
	泡水前试件(原试件)高度	（mm）（2）			
	泡水后试件高度	（mm）（3）			
	膨胀量	（%）（4）	$\dfrac{(3)-(2)}{(2)}\times 100$		
	膨胀量平均值	（%）			
密度	筒质量 m_1	（g）（5）			
	筒+试件质量 m_2	（g）（6）			
	筒体积	（cm³）（7）			
	湿密度 ρ	（g/cm³）（8）	$\dfrac{(6)-(5)}{(7)}$		
	含水率 w	（%）（9）			
	干密度 ρ_d	（g/cm³）（10）	$\dfrac{(8)}{1+0.01w}$		
	干密度平均值	（g/cm³）			
吸水量	泡水后筒+试件合质量 m_3	（g）（11）			
	吸水量 w_a	（g）（12）	（11）-（6）		
	吸水量平均值	（g）			

（7）精度和允许差。

计算 3 个平行试验的承载比变异系数 C_V。如 C_V 小于 12%，则取 3 个结果的平均值；如 C_V 大于 12%，则去掉一个偏离大的值，取其余 2 个结果的平均值。

CBR 值(%)与膨胀量(%)取小数点后一位。

知 识 链 接

（1）承载比试验由美国加利福尼亚州公路局于 20 世纪 30 年代初首次提出，用以检验公路路基在不利状态下的承载能力。

CBR 值是指试料贯入量达 2.5mm 时，单位压力与标准碎石压入相同贯入量时标准荷载强度的比值。标准荷载与贯入量之间的关系见表 10.3。

不同贯入量时的标准荷载强度和标准荷载　　　　　　表 10.3

贯入量（mm）	标准荷载强度（kPa）	标准荷载（kN）
2.5	7000	13.7
5.0	10500	20.3
7.5	13400	26.3
10.0	16200	31.8
12.5	18300	36.0

标准荷载强度与贯入量之间的关系也可用式(10.7)表示:

$$p = 162L^{0.61} \qquad (10.7)$$

式中: p ——标准荷载强度(kPa);

L ——贯入量(mm)。

CBR 是路基土和路面材料的强度指标。在我国的路面设计中,虽以路基土和路面材料的回弹模量值作为设计参数,但在路基施工规范中仍将 CBR 作为一项重要的力学指标。

(2)美国 CBR 筒的尺寸为直径 15.2cm,高 11.64cm(筒高 177.8mm 减去垫块厚度 61.4mm),容积与重型击实筒相同,仍为 2144cm³。一般要求制备 3 个试件,使击实后的干密度为最大干密度的 95%~100%,每个试件分别按每层 10 次、30 次和 60 次击实,均分 3 层击实。

在日本,CBR 筒的尺寸与重型击实试验用的试筒相同,垫块厚度 50mm。制备试件时,采用与重型击实试验相同层数和每层击数。

(3)对于每层试样的用量(1700g),需根据击实试验情况和工程经验进行调整,避免导致填料过多或不够。

测力环常见的有 7.5kN、15kN、30kN、60kN、100kN 和 150kN 等型号。若测力环型号不合适,对试验结果影响很大,有可能导致测力环百分表读数过小,误差很大。试验前应根据预估的 CBR 值选用合适的测力环,细粒土用型号较小的测力环,粗粒土用型号较大的测力环。

(4)贯入试验中常会出现 5mm 的 CBR 值比 2.5mm 的 CBR 值大的现象,出现这种现象的原因主要有:①仪器本身的加工精度导致贯入杆平面与土可能呈楔形接触,减少了贯入面积,虽有偏球座的调整,但未完全消除。②开始试验前施加的荷载偏小,贯入杆不能与土样紧密接触。③有些土表层的土样相对中心强度要小一些。因此,在《公路土工试验规程》(JTG 3430—2020)中取 2.5mm 和 5mm 较大的 CBR 值作为该试验的 CBR 值,这样可避免因仪器和操作人员所导致的试验误差。

(5)公路等级和路基层位(如上路堤、下路堤、上路床、下路床)不同,其对应的压实度与 CBR 值要求不同。因此,工程中需要确定不同压实度的 CBR 值。当制备 3 种不同干密度试件时,工程所需压实度对应的 CBR 值、膨胀量采用相邻两点的试验结果通过线性插值确定。

10.2.2 最大承载比(CBRmax)试验方法及原理

最大承载比试验用于测定红黏土、高液限土、膨胀土等塑性指数较高的细粒土的最大承载比和最大承载比含水率。

试样的最大粒径不超过 20mm,且粗颗粒(粒径大于 0.075mm)含量不超过 30%。

1)仪器设备

(1)圆孔筛:孔径 40mm、20mm 及 5mm 筛各 1 个。

（2）试筒：内径152mm、高170mm的金属圆筒；套环，高50mm；筒内垫块，直径151mm、高50mm；夯击底板，同击实仪。试筒的形式和主要尺寸如图10.1所示。此外，也可用击实试验的大击实筒。

（3）夯锤和导管：夯锤的底面直径50mm，总质量4.5kg。夯锤在导管内的总行程为450mm，夯锤的形式和尺寸与重型击实试验法所用的相同。

（4）贯入杆：端面直径50mm、长约100mm的金属柱。

（5）路面材料强度仪或其他载荷装置，如手摇测力计式载荷装置（图10.2）。要求能调节贯入速度至每分钟贯入1mm；测力环应包7.5kN、15kN、30kN、60kN、100kN和150kN等型号。

（6）百分表：3个。

（7）试件顶面上的多孔板（如带调节杆的多孔板，用于测量试件吸水时的膨胀量），如图10.3所示。

（8）多孔底板（试件放上后浸泡水中）。

（9）膨胀量测定装置，如图10.4所示。

（10）荷载板：直径150mm，中心孔直径52mm，每块质量1.25kg，共4块，并沿直径分为两个半圆块，如图10.5所示。

（11）水槽：浸泡试件用，槽内水面应高出试件顶面25mm。

（12）天平：称量2000g，感量0.01g；称量50kg，感量5g。

（13）其他：拌和盘、直尺、滤纸、推土器等，与击实试验相同。

2）试样

（1）将试验用土分散，土团粒径宜小于20mm，拣除粒径大于20mm的石子。

（2）按本教材中第7章中表7.1中Ⅱ-2规定的层数和每层击数，采用湿土法击实，得到试料的最大干密度和最佳含水率 w_0。

3）试验步骤

（1）将天然含水率的土样逐步风干，按含水率由高到低逐个进行CBR试验。试样制件含水率宜选在 $w_0+0.3I_P$、$w_0+0.2I_P$、$w_0+0.1I_P$、w_0、$w_0-0.1I_P$ 等附近，其中 I_P 为土的塑性指数，宜取20~30。

（2）称取试筒本身质量（m_1），将试筒固定在底板上，将垫块放入筒内，并在垫块上放一张滤纸，安上套环。

（3）取备好的试样分3次倒入筒内（每层需试样1500~1750g，其量应使击实后的试样高出1/3筒高1~2mm）。整平表面，并稍加压紧，然后按规定的击数进行第一层试样的击实，击实时锤应自由垂直落下，锤迹必须均匀分布于试样面上。第一层击实完后，将试样层面"拉毛"，然后再装入套筒，重复上述方法进行其余每层试样的击实。大试筒击实后，试样不宜高出筒高10mm。

特别需要注意：试件的每层击数一般取98击，需要时，可制备不同击实功的试件，如每层击数可取30击、50击等，但在报告中需注明每层的击数。击实成型试料的每层用量根据土质类型和击实功调整，击实后试样不宜高出筒高10mm。

（4）每击实3筒试件，取代表性试样进行含水率试验。

(5)卸下套环,用直刮刀沿试筒顶修平击实的试件,表面不平整处用细料修补。取出垫块,称取试筒和试件的质量(m_2)。

(6)CBR 试样制件采用静压成型制件时,根据确定的压实度计算所需的试样量,一次静压成型。

(7)泡水测膨胀量的步骤如下:

①试件制成后,取下试件顶面的破残滤纸,放一张好滤纸,并在其上安装附有调节杆的多孔板,在多孔板上加4块荷载板。

②将试筒与多孔板一起放入槽内(先不放水),并用拉杆将模具拉紧,安装百分表,并读取初读数。

③向水槽内注水,使水漫过试筒顶部。在泡水期间,槽内水面应保持在试筒顶面以上约25mm。通常试件要泡水4昼夜。

④泡水终了时,读取试件上百分表的终读数,并按式(10.1)计算膨胀率。

⑤从水槽中取出试件,倒出试件顶面的水,静置15min,让其排水,然后卸去附加荷载和多孔板、底板和滤纸,并称量其质量(m_3),以计算试件的湿度和密度的变化。

(8)进行贯入试验。

①应选用合适吨位的测力环,贯入结束时测力环读数宜占其量程的1/3以上。

②将泡水试验终了的试件放到路面材料强度试验仪的升降台上,调整偏球座,对准、整平并使贯入杆与试件顶面全面接触,在贯入杆周围放置4块荷载板。

③先在贯入杆上施加少许荷载,以便试样与土样紧密接触,然后将测力和测变形的百分表的指针均调整至整数,并记读初始读数。

④加荷使贯入杆以 1~1.25mm/min 的速度压入试件,同时测记3个百分表的读数。记录测力计内百分表某些整读数(如20、40、60)时的贯入量,并注意使贯入量为 250×10^{-2} mm 时,能有5个以上的读数。因此,测力计内的第一个读数应是贯入 30×10^{-2} mm 左右。

4) 结果整理

(1)按承载比试验确定土样不同含水率时的 CBR 值。

(2)以试验含水率为横坐标,以 CBR 为纵坐标,绘制含水率与 CBR 的关系曲线(图10.7),曲线上峰值点的横、纵坐标分别为土的最大承载比含水率和最大承载比。如曲线中无明显的峰值点,则应进行补点或重做。

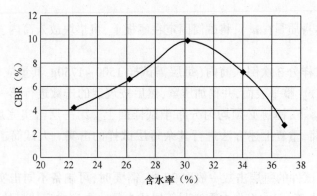

图 10.7　含水率与 CBR 的关系

(3)贯入试验记录表和膨胀量试验记录表分别见表10.4和表10.5。

表 10.4

贯入试验记录表

土样编号＿＿＿＿＿＿＿＿＿＿＿ 试 验 者＿＿＿＿＿＿＿＿＿＿＿ 最大干密度＿＿＿＿＿＿＿＿＿＿＿

计 算 者＿＿＿＿＿＿＿＿＿＿＿ 最佳含水率＿＿＿＿＿＿＿＿＿＿＿ 校 核 者＿＿＿＿＿＿＿＿＿＿＿

每层击数＿＿＿＿＿＿＿＿＿＿＿ 试验日期＿＿＿＿＿＿＿＿＿＿＿ 试件编号＿＿＿＿＿＿＿＿＿＿＿

测力环校正系数 $C=$＿＿＿＿＿ $kN/0.01mm$,贯入杆面积 $A=1.9635\times10^{-3}m^2$

$$P = \frac{CR}{A}$$

$l=$＿＿＿时, $p=$＿＿＿ kPa　　　　$CBR=\dfrac{P}{7000}\times100=$

$l=$＿＿＿时, $p=$＿＿＿ kPa　　　　$CBR=\dfrac{P}{10500}\times100=$

荷载测力计百分表		单位压力	贯入量百分表读数						贯入量
读数	变形值		左表		右表		平均值		
			读数	位移值	读数	位移值			
R'_i (0.01mm)	$R_i=R'_{i+1}-R'_i$ (0.01mm)	p (kPa)	R_{1i} (0.01mm)	$R_{1i}=R_{1i+1}-R_{1i}$ (0.01mm)	R_{2i} (0.01mm)	$R_{2i}=R_{2i+1}-R_{2i}$ (0.01mm)	$R_1=\dfrac{R_1+R_2}{2}$ (0.01mm)		l (mm)

膨胀量试验记录表

表 10.5

	试验次数		计算方法			
膨胀量	筒号	(1)				
	泡水前试件(原试件)高度(mm) (2)					
	泡水后试件高度(mm) (3)					
	膨胀量(%) (4)		$\dfrac{(3)-(2)}{(2)}\times100$			
	膨胀量平均值(%)					

101

密度	筒质量 m_1(g)　(5)			
	筒+试件质量 m_2(g)　(6)			
	筒体积(cm³)　(7)			
	湿密度 ρ(g/cm³)　(8)	$\dfrac{(6)-(5)}{(7)}$		
	含水率 w(%)　(9)			
	干密度 ρ_d(g/cm³)　(10)	$\dfrac{(8)}{1+0.01w}$		
	干密度平均值(g/cm³)			
吸水量	泡水后筒+试件合质量 m_3(g)　(11)			
	吸水量 w_a(g)　(12)	(11)-(6)		
	吸水量平均值(g)			

(4)精度和允许差。

CBR 值(%)、膨胀量(%)与最大承载比含水率(%)计算结果取小数点后一位。

知识链接

(1)土的最大承载比试验是《公路土工试验规程》(JTG 3430—2020)中新增的试验项目。大量室内试验表明,红黏土、高液限土、膨胀土等塑性指数较高的细粒土的密实度与其 CBR 强度曲线相分离。击实曲线上的极值点表示最佳含水率和最大干密度;同样地,CBR 曲线上的极值点表示最大承载比和最大承载比含水率。一般土越密实,其 CBR 值越高,即其最佳含水率与最大承载比含水率基本一致,因此进行最大承载比试验意义不大。但对于塑性指数较高的土,最佳含水率与最大承载比含水率两者差别较大,土的最大承载比也明显大于最佳含水率时的 CBR。

(2)本试验采用湿土法,且土样不得重复使用。高塑性土的黏粒含量高,其内部胶凝物质($Fe_2O_3 \cdot nH_2O$,$SiO_2 \cdot nH_2O$ 等)中包含结合水,不同于自由水,土烘干后破坏了结合水与颗粒间的结合力与分子结构,失水后一定时期内具有不可逆性。因此,湿法制件与干法制件得到的试验结果差距较大。湿法击实试验所得的最大干密度小于干法,但最佳含水率大于干法。对于 CBR 试验,则湿法强度高于干法。现场高塑性土的天然含水率通常较高,一般需晾晒降低含水率后进行碾压,因此采用湿法试验所得结果更符合实际施工过程。

试样制件采用如下含水率:$w_0+0.3I_P$、$w_0+0.2I_P$、$w_0+0.1I_P$、w_0、$w_0-0.1I_P$,这是通过大量的室内试验经验总结得出的,其中 I_P 为塑性指数。在这些含水率范围内,容易得到土的最大承载比。

第11章 试验成果的分析整理方法

11.1 数据整理的目的和原则

为使试验数据可靠和适用,应进行正确的数据分析和整理。试验数据的分析和整理的主要内容包括:对评价指标探求变化规律;对设计所需的定量分析数据,求取最佳值,确定计算指标。必要时还需建立土性指标之间的相互关系,作出相应的关系曲线或得出经验公式。

在进行试验成果的分析整理时,必须坚持理论与实际统一的原则,以现场和工程的具体条件为依据,以测试所得的实际成果为基础,以数理统计分析为手段,以土力学的基本理论为指导,区别不同条件,针对不同要求,采取不同方法。

11.2 数据舍弃标准

对试验成果中明显不合理的数据,应查明原因(试样是否有代表性,试验过程是否出现异常等),或有条件时,进行一定的补充试验,以便决定对可疑数据的取舍或改正。舍弃试验数据时,应根据误差分析的概念或概率的概念进行。

当试验数据多(一般 $n>30$)时,某个测得值 x_i 的残余误差(残差)v_i ($v_i = x_i - \bar{x}$)的绝对值满足下式:

$$|v_i| > 3S \tag{11.1}$$

式中: S ——标准差。

则认为 x_i 是含有粗大误差的异常值,须剔除。

当试验数据不太多($n \leqslant 30$)时,某个测得值 x_i 的残差 v_i 的绝对值满足下式:

$$|v_i| > Z_c S \tag{11.2}$$

则认为 x_i 是含有粗大误差的异常值,须剔除。

Z_c 值随 n 的变化见表 11.1。

Z_c 值与 n 关系表 表 11.1

n	3	4	5	6	7	8	9	10	15	20	25	30	40	50
Z_c	1.38	1.54	1.65	1.73	1.80	1.86	1.92	1.96	2.13	2.24	2.33	2.39	2.49	2.58

11.3 土性指标的统计分析和取值

土工试验测得的土性指标,可按其在工程设计中的实际作用区分为一般特性指标和主要计算指标。前者如土的天然密度、天然含水率、比重、颗粒分析、液限、塑限、有机质、水溶盐等,系指对土分类定名和阐述其物理化学特性的土性指标;后者如土的黏聚力、内摩擦角、压缩系数、回弹模量或承载比、渗透系数等,系指在设计计算中直接用以确定土体对于强度、变形和稳定性等力学性的土性指标。

对于一般特性指标的成果整理,通常采用算术平均值 $\bar{x}$、标准差 S、变异系数 C_v、绝对误差 m_x 和精度指标 P_x 来表达,按下列各式确定:

$$\bar{x} = \frac{\sum\limits_{i=1}^{N} x_i}{N} \tag{11.3}$$

式中: x_i ——指标各测定值;

N ——指标测定的总次数。

$$S = \pm\sqrt{\frac{\sum\limits_{i=1}^{N}(x_i - \bar{x})^2}{N-1}} \tag{11.4}$$

$$C_v = \pm\frac{S}{\bar{x}} \times 100\% \tag{11.5}$$

$$m_x = \pm\frac{S}{\sqrt{N}} \tag{11.6}$$

$$P_x = \pm\frac{m_x}{\bar{x}} \times 100\% \tag{11.7}$$

对于主要计算指标,在进行成果整理时,如果测定的组数较多,此时指标的最佳值接近于测值的算术平均值,仍可按一般特性指标的方法确定其设计计算值,即采用算术平均值。但通常由于试验的数据较少,考虑到测定误差的影响、土体本身的不均匀性、施工质量的影响以及构造物的规模和设计阶段,为安全起见,除对于初步设计和次要的构造物仍可采用算术平均值作为计算指标外,一般均应区别不同指标在设计计算中的不利影响,采用一个略高于(或略低于)算术平均值的数值,作为计算指标。其高于(或略低于)算术平均值的幅度,应视测定次数的多少、土样的不均匀性和构造物的重要程度等,或采用标准差平均值,即对算术平均值加(或减)一个标准差的绝对值,如 $\bar{x} \pm |S|$;或采用保证率平均值,即对算术平均值加(或减)一个按要求的保证率 α 所确定的保证值,如 $\bar{x} \pm t_\alpha S\sqrt{N}$,其中 S 为标准差, N 为测定次数, t_α 可按要求的保证率 α 和自由度 $(N-1)$ 由 t 分布表查得。在上述取值法中,建议优先考虑保证率平均值。大平均值(或小平均值)和标准差平均值,因其较为方便,可直接使用于一般构造物的初步设计。

土工试验中,对不同应力条件下测得的某种指标(如抗剪强度等)应经过综合整理求取。一般可按下列方法进行:

(1)图解法。对不同应力条件下测得的指标值(如抗剪强度),求得算术平均值,然后以不同应力为横坐标、指标平均值为纵坐标作图,并求得关系曲线,确定其参数(如土的摩擦角系数 $\tan\varphi$ 和黏聚力 c)。

(2)最小二乘方分析法。根据各测定值同关系曲线的偏差的平方和为最小的原理求取参数值。

第12章 习 题

一、单项选择题

1. ( )土的颗粒分析试验宜采用干筛分法。
   A. 粒径>0.075mm
   B. 无黏聚性
   C. 粒径>0.075mm 无黏聚性
   D. 含黏粒砂砾

2. 土的液塑限试验备样时,土应先通过( )筛。
   A. 5mm
   B. 2mm
   C. 0.5mm
   D. 0.25mm

3. 土的重型击实试验中,击实锤的质量为( )。
   A. 2.5kg
   B. 4.5kg
   C. 5kg
   D. 5.5kg

4. 含粗粒越多的土,其最大干密度( )。
   A. 越大
   B. 越小
   C. 无规律
   D. 两者无关

5. 土的塑限试验要求土中有机质含量不大于( )。
   A. 5%
   B. 2%
   C. 1%
   D. 0.5%

6. 土颗粒分析采用筛分法或沉降分析法,取决于土的分界粒径( )。
   A. 0.075mm
   B. 0.5mm
   C. 2mm
   D. 5mm

7. 土的液塑限试验中,规定试验锥重与锥入时间分别为( )。
   A. 76g,8s
   B. 76g,10s
   C. 100g,5s
   D. 100g,10s

8. 烘干法作为土的含水率标准测定方法,烘箱烘干温度应为( )。
   A. 100~105℃
   B. 105~110℃
   C. 100~110℃
   D. 105℃

9. 土的最佳含水率与( )比较接近。
   A. 天然含水率
   B. 饱和含水率
   C. 塑限
   D. 液限

10. 下列不宜采用环刀法测定密度的土是( )。
    A. 黏质土
    B. 细粒土
    C. 粗粒土
    D. 粉质土

11. 土的比重在数值上等于( )。
    A. 土颗粒密度
    B. 土的密度
    C. 土的干密度
    D. 土的饱和密度

12. 当水的密度 ρ_{wt} =1g/cm³时,蜡封试件空中质量与水中质量之差等于( )。
    A. 封蜡质量
    B. 封蜡体积
    C. 试件(不包括蜡)体积
    D. 蜡封试件体积

13. 黏土中掺加砂土,则土的最佳含水率将( )。
    A. 升高
    B. 降低
    C. 不变
    D. 无法确定

14. 下列关于缩限的说法,正确的是( )。

A. 土的含水率达缩限后再提高,土强度不变

B. 土的含水率达缩限后再提高,土体积不变

C. 土的含水率达缩限后再降低,土强度不变.

D. 少的含水率达缩限后再降低,土体积不变

15. 司笃克斯定理认为,土粒粒径增大,则土粒在水中沉降速度( )。

    A. 不变   B. 减慢   C. 加快   D. 不定

16. 反映土的可塑性大小的指标是( )。

    A. 液性指数   B. 塑性指数

    C. 塑限   D. 液限

17. 土的滚搓法试验中,若接近塑限的土条搓得越细且不断裂,则说明土的塑性( )。

    A. 不变   B. 可变   C. 越高   D. 越低

18. 采用蜡封法测土的密度,已知试件质量为 62.59g,蜡封试件质量为 65.86g,蜡封试件水中质量为 27.84g,蜡体积为 3.56cm³,水密度取 1g/cm³,则该土的密度为( )。

    A. 1.84g/cm³   B. 1.79g/cm³   C. 1.82g/cm³   D. 1.81g/cm³

19. 灌砂法测定土的密度,已知试洞中湿土质量为 4031g,试洞内灌进砂质量为 2233.6g,标准砂密度 1.28g/cm³,则该土密度为( )。

    A. 2.12g/cm³   B. 2.29g/cm³   C. 2.31g/cm³   D. 2.35g/cm³

20. 土的筛分试验中,取总土质量 300g,筛完后各级筛(包括筛底)筛余量之和为 293g,则该试验结果( )。

    A. 为 2.3%   B. 满足要求   C. 有效   D. 无效

21. 搓条试验中,将含水率略大于塑限的湿土块揉捏并搓成土条,能搓成直径( )土条的塑性高。

    A. 3mm   B. 2mm   C. 1mm   D. 1~3mm

22. 用 100g 锥测定土的界限含水率时,应按( )确定土的塑限锥入深度。

    A. 5mm   B. 10mm

    C. 由液限查 h_p-w_L 曲线的方法   D. 查 h-w 曲线的方法

23. 采用滚搓法测土的塑限时,土条搓至直径( )产生裂缝并开始断裂时,土的含水率为塑限。

    A. 1mm   B. 2mm   C. 3mm   D. 5mm

24. 土的液塑限联合测定试验中,由塑限锥入深度 h_P 在 h-w 图上 ab、ac 两条直线上查得两个含水率,其数值分别为 8% 与 12%,则该土的塑限为( )。

    A. 10%   B. 8%

    C. 12%   D. 不明确,应重做试验

25. 土的压缩指数采用 C_c 表示,其表达式为( )。

    A. $C_c = \dfrac{e_1 - e_2}{p_2 - p_1}$ B. $C_c = \dfrac{e_1 - e_2}{\lg p_2 - \lg p_1}$

    C. $C_c = \dfrac{1 + e_1}{E_s}$ D. $C_c = \dfrac{1 + e_1}{\alpha}$

26. 土的固结速度与( )有关。

    A. 黏聚力   B. 内摩擦角   C. 渗透系数   D. 承载比

27. 若土的液限 $w_L = 40\%$，塑限 $w_P = 20\%$，则该土的塑性指数为（　　）。

    A. 15　　　　　　　B. 20　　　　　　　C. 20%　　　　　　　D. 30

28. 土的含水率试验中，已知铝盒质量为 45g，铝盒与湿土质量为 200g，烘干后铝盒与干土质量为 150g，则该土的含水率为（　　）。

    A. 32%　　　　　　　B. 33.3%　　　　　　　C. 47.6%　　　　　　　D. 48%

29. 采用环刀法测土密度，称量环刀质量为 100g，环刀与土的合质量为 205g，环刀容积为 100cm³，则土的密度为（　　）。

    A. 1.0g/cm³　　　　　B. 1.05g/cm³　　　　C. 1.1g/cm³　　　　D. 2.05g/cm³

30. 测定土液限的试验方法是（　　）。

    A. 滚搓法　　　　　　　　　　　B. 搓条法

    C. 液塑限联合测定法　　　　　　D. 缩限试验

31. （　　）曲线可确定土的先期固结压力。

    A. e-p　　　　　　　B. e-$\lg p$　　　　　　　C. p-s　　　　　　　D. p-l

32. （　　）指标用于判定黏土所处的稠度状态。

    A. 塑限　　　　　　　B. 缩限　　　　　　　C. 塑性指数　　　　　　　D. 液性指数

33. 用 100g 锥测定土的界限含水率，土达液限时的入土深度为（　　）。

    A. 25mm　　　　　　　B. 10mm　　　　　　　C. 15mm　　　　　　　D. 20mm

34. 进行土的 CBR 试验，应先采用（　　）击实试验方法求得土的最大干密度和最佳含水率。

    A. 普通　　　　　　　B. 轻型　　　　　　　C. 重型　　　　　　　D. 重型或轻型

35. 固结试验土的预压荷载为（　　）。

    A. 25kPa　　　　　　　B. 10kPa　　　　　　　C. 1.0kPa　　　　　　　D. 0.5kPa

36. 土的直剪试验慢剪速度为（　　）。

    A. 0.02mm/min　　　B. 0.06mm/min　　　C. 0.2mm/min　　　D. 0.8mm/min

37. 在土的固结试验中，如测定沉降速率，应将最后 1h 变形量不超过（　　）作为固结稳定的标准。

    A. 0.05mm　　　　　　B. 0.03mm　　　　　　C. 0.02mm　　　　　　D. 0.01mm

38. 土被击实时，若土被压密，则土体积缩小，是因为（　　）。

    A. 土中水和气体排出　　　　　　B. 气体排出

    C. 水排出　　　　　　　　　　　D. 土颗粒被压小

39. 某土黏聚力 $c = 10kPa$，内摩擦角 $\varphi = 30°$，在 100kPa 压力作用下，其抗剪强度为（　　）。

    A. 75.36kPa　　　　　B. 80.56kPa　　　　　C. 69.56kPa　　　　　D. 67.74kPa

40. （　　）工程问题与土的强度有关。

    A. 边坡稳定　　　　　B. 流沙　　　　　　　C. 管涌　　　　　　　D. 冻土

二、判断题（正确的划"√"，错误的划"×"）

1. 土的击实曲线可与饱和曲线相交。　　　　　　　　　　　　　　　　（　　）

2. 若土条在任何含水率下始终搓不到直径 3mm 即开始断裂，则认为该土无塑性。

　　　　　　　　　　　　　　　　　　　　　　　　　　　　　　　　（　　）

3. 击实试验大筒按三层法击实时,每层击数为 98 次。 （　　）

4. 击实法可用于原状土试件制备。 （　　）

5. 小击实筒击实后,土样不宜高出筒顶 6mm。 （　　）

6. 土的承载比试验制件应浸水两个昼夜。 （　　）

7. 土的筛分试验取样时,粒径越大取样数量越多。 （　　）

8. 烘干法不适用于测定有机质土和含石膏土的含水率。 （　　）

9. 扰动土样试件制备时,高度小的采用击实法,高度大的采用压样法。 （　　）

10. 蜡封法测土的密度适用于易破裂和形态不规则的坚硬土。 （　　）

11. 灌砂法适用于现场测定细粒土、砂类土和砾类土的密度。试样的最大粒径不得超过 15mm,测定密度层的厚度为 150~200mm。 （　　）

12. 比重瓶法测土的比重时,应先进行比重瓶校正。 （　　）

13. 塑限指黏土从液体状态向塑性状态过渡的界限含水率。 （　　）

14. 滚搓法可以同时测定土的液限与塑限。 （　　）

15. 击实试验试样可以采用干土法土样重复使用。 （　　）

16. 土的塑限是锥重 100g,锥入深度 5mm 时土的含水率。 （　　）

17. 直剪试验中,当剪切过程中测力计百分表无峰值时,剪切至剪切位移达 6mm 时停止。 （　　）

18. 土的直剪试验结果为一直线,纵坐标上的截距为黏聚力,直线倾角为内摩擦角。 （　　）

19. 土的无侧限抗压强度是试件在无侧向压力的条件下,抵抗轴向压力的极限强度。 （　　）

20. 土的 CBR 试验试件泡水时,水面应高出试件顶面 30cm。 （　　）

21. 土的 CBR 试验膨胀量=泡水后试件高度变化/原试件高度。 （　　）

22. 土的 CBR 试件泡水应满足水面在试件顶面上 25mm,且需泡水 24h。 （　　）

23. 土的 CBR 试验中,若根据三个平行试验结果计算的承载比变异系数大于 12%,则去掉一个偏离大的值,取其余两个结果的平均值。 （　　）

24. 土中黏粒含量越多,土的可塑性越高,塑性指数越小。 （　　）

25. 土的缩限是扰动的黏质土在饱和状态下,因干燥收缩至体积不变时的含水率。 （　　）

26. 增加击实功,可提高土的最大干密度。 （　　）

27. 土的无侧限抗压强度即其所受的最大轴向应力。 （　　）

28. 土的干密度越大,土越密实。 （　　）

29. 土的含水率最大值为 100%。 （　　）

30. 土的强度指土的抗压强度。 （　　）

31. 粗粒土的最大干密度取值,当湿土法结果比干土法高时,采用湿土法试验结果的平均值。 （　　）

32. 砂类土试件饱和时,可直接在仪器内浸水饱和。 （　　）

33. 虹吸筒法可测定土的密度。 （　　）

34. 直剪试验不能控制排水条件,而三轴试验可控制排水条件。 （　　）

35. 土条搓成直径 3mm 时仍未产生裂缝及断裂,表示土样的含水率高于塑限。 （　　）

三、多项选择题(每题所列的备选项中,有两个或两个以上正确答案)

1. 关于土的固结状态,下列说法正确的是(   )。
   A. 土层的自重力等于土层历史上受到过的固结压力,为正常固结状态
   B. 土层的自重力大于土层历史上受到过的固结压力,为超固结状态
   C. 土层历史上受到过的固结压力小于土层的自重力,为欠固结状态
   D. 土层的自重力小于土层历史上受到过的固结压力,为超固结状态

2. 土的三轴压缩试验有(   )方法。
   A. 固结排水剪   B. 固结不排水剪
   C. 不固结不排水剪   D. 固结慢剪

3. 关于土的压缩性指标,下列说法正确的是(   )。
   A. 压缩系数是反映土压缩性高低的指标
   B. 压缩模量是反映土抵抗压缩变形能力的指标
   C. 压缩系数越大,土的压缩性越低
   D. 工程上常用 α_{1-2} 反映土的压缩性高低

4. 土的密度测试可用(   )。
   A. 环刀法   B. 蜡封法
   C. 水中重法   D. 灌水法

5. 土的三相物理性质指标中可直接测试的指标有(   )。
   A. 天然密度   B. 含水率
   C. 比重   D. 压缩系数

6. 《公路土工试验规程》(JTG 3430—2020)中规定测定含水率的试验方法有(   )。
   A. 烘干法   B. 酒精燃烧法
   C. 比重法   D. 碳化钙气压法

7. CBR 试验需制备三组不同干密度的试件,这三组试件每层击数分别为(   )。
   A. 30   B. 59   C. 50   D. 98

8. 固结试验荷载等级为(   )。
   A. 50kPa   B. 100kPa   C. 200kPa   D. 300kPa

9. 根据土的压缩试验结果,可整理出(   )曲线。
   A. e-p B. p-s C. e-$\lg p$ D. p-τ_f

10. 土的压缩特性为(   )。
    A. 压缩模量大,压缩性高   B. 压缩系数大,压缩性低
    C. 压缩指数大,压缩性高   D. 压缩系数大,压缩性高

11. 黏质土的直接剪切试验方法有(   )。
    A. 固结快剪   B. 快剪
    C. 慢剪   D. 固结慢剪

12. (   )可以测定土的比重。
    A. 比重瓶法   B. 浮称法
    C. 灌水法   D. 虹吸筒法

13. 关于土的固结过程,以下说法正确的是(   )。

A. 孔隙水压力不断消散   B. 有效应力不断增大

C. 孔隙水压力不变   D. 有效应力不变

14. 土固结快剪的特征为(　　)。

  A. 法向力作用下,土样不排水固结 B. 剪切力作用下,土样不排水固结

  C. 法向力作用下,土样排水固结   D. 剪切力作用下,土样排水固结

15. 土的液塑限试验适用范围包括(　　)。

  A. $D \leqslant 0.5$mm   B. $D \leqslant 5$mm

  C. 有机质含量不大于总质量的5% D. 有机质含量不大于总质量的10%

16. 土的压缩试验中,计算天然孔隙比 e_0 需要的物理指标有(　　)。

  A. 土的密度   B. 饱和度

  C. 含水率   D. 土的比重

17. 击实功对土的最大干密度与最佳含水率有影响,以下说法错误的是(　　)。

  A. 增大击实功,最大干密度增大 B. 增大击实功,最大干密度减小

  C. 增大击实功,最佳含水率增大 D. 增大击实功,最佳含水率减小

18. 土的颗粒分析试验中,对于含黏粒的砂砾土采用(　　)。

  A. 水筛法

  B. 干筛法

  C. 负压筛法

  D. 当粒径大于或等于 0.075mm 的颗粒超过 15% 时,应进行联合沉降分析试验

19. 用于现场测定细粒土的密度的试验方法有(　　)。

  A. 灌砂法   B. 灌水法   C. 环刀法   D. 蜡封法

20. (　　)可以提高土的最大干密度。

  A. 增加土中粗颗粒含量   B. 增大击实功

  C. 减小含水率   D. 增大含水率

21. 用击实法对扰动土样进行试件制备时,应根据(　　)要求制备。

  A. 干密度   B. 含水率   C. 孔隙比   D. 湿密度

22. 关于界限含水率试验土样制备,以下叙述正确的是(　　)。

  A. 将风干土样过 0.5mm 筛

  B. 3 个土样含水率分别控制在液限(a 点),略大于塑限(c 点)和两者中间状态(b 点)

  C. a 点的锥入深度应为 (20 ± 2)mm

  D. 闷料 18h 以上

23. 关于整理土的液塑限试验结果,以下说法正确的是(　　)。

  A. h-w 坐标系为二级双对数坐标

  B. a、b、c 三点应为一条直线,否则,应过 a 点与 b、c 两点分别连成两条直线

  C. 100g 锥,锥入深度 5s,入土深度 $h = 20$mm 所对应的含水率为液限

  D. 入土深度 $h = 2$mm 所对应的含水率为液限

24. 对于(　　),不宜采用酒精燃烧法测定其含水率。

  A. 含有机质土   B. 细粒土

  C. 巨粒土   D. 含石膏土

25. 关于三轴压缩试验,以下说法正确的是(　　)。

A. 能控制排水条件　　　　　　　　B. 破裂面不是人为固定

C. 土样所受力为侧向压力和竖向压力　D. 土样所受围压为 σ_1

四、综合题

1. 表 12.1 为 a、b 两组不同土的颗粒组成成分及击实试验结果,请回答下列问题:

颗粒组成成分及击实试验结果　　　　　　　　　　　　　　　　　　　表 12.1

土样	>0.05 (mm)	0.05~0.005 (mm)	<0.005 (mm)	ρ_{dmax} (g/cm^3)	w_{op} (%)
a	9	58	33	1.72	17.3
b	54	29	17	1.92	11.5

(1)根据上表数据可知,a 与 b 两种土中,(　　)。

A. a 土细颗粒含量多　　　　　　　B. b 土细颗粒含量多

C. 一样多　　　　　　　　　　　　D. 不确定哪种土细颗粒含量多

(2)随着土中细颗粒含量增多,土的击实试验数据变化规律为(　　)。

A. 最佳含水率增大　　　　　　　　B. 最大干密度减小

C. 最大干密度增大　　　　　　　　D. 最佳含水率减小

(3)土的击实曲线具有(　　)特点。

A. 有峰值　　　　　　　　　　　　B. 左陡右缓

C. 与饱和曲线有交叉点　　　　　　D. 与饱和曲线无交叉点

(4)随着击实次数的增多,击实试验峰值数据发生(　　)的变化。

A. 最佳含水率增大　　　　　　　　B. 最大干密度减小

C. 最大干密度增大　　　　　　　　D. 最佳含水率减小

(5)下列(　　)试验方法为颗粒分析试验。

A.筛分法　　　　B.移液管法　　　　C.密度计法　　　　D.灌砂法

2. 表 12.2~表 12.3 为 CBR 试验部分试验数据,请回答以下问题:

CBR 试 验 数 据　　　　　　　　　　　　　　　　　　　　表 12.2

单位压力(kPa)	贯入量(mm)	单位压力(kPa)	贯入量(mm)
489	1.94	684	4.88
586	2.41	690	5.00
611	2.50		

膨胀量试验数据　　　　　　　　　　　　　　　　　　　　　表 12.3

试验次数	1	2	3
泡水前试件高度(mm)	120.0	120.0	120.0
泡水后试件高度(mm)	131.5	134.6	133.2

(1)贯入量 2.5mm 时,CBR 值为(　　)。

A. 8.7%　　　　B. 9.6%　　　　C. 6.5%　　　　D. 7.8%

(2)贯入量 5.0mm 时,CBR 值为(　　)。

A. 8.7%　　　　B. 9.6%　　　　C. 6.6%　　　　D. 7.8%

（3）根据表中数据,计算土的平均膨胀量（　　）。

    A. 8.78%   B. 10.92%   C. 12.17%   D. 9.58%

（4）关于土的 CBR 试验,下列说法正确的是（　　）。

    A. 若制备 3 种干密度的 CBR 试件,需制件 9 个,每层击数分别为 30、50、98 次

    B. 若制备 1 种干密度的 CBR 试件,需制件 3 个,每层击数为 98 次

    C. 承载比是指试件贯入量达规定值,单位压力与标准碎石压入相同贯入量时标准荷载强度的比值,以百分率表示

    D. 如贯入量为 5mm 的承载比大于 2.5mm 时的承载比,则采用 5mm 时的承载比

（5）进行 CBR 试验泡水测膨胀量试验时,以下说法正确的是（　　）。

    A. 泡水期间槽内水面应保持在试件顶面以上大约 25mm

    B. 试件要泡水 4 个昼夜

    C. 制备试件时应采用击实试验的重型 Ⅱ-2 试验方法

    D. 试件泡水后,应计算试件的湿度与密度的变化

3. 表12.4 中数据为颗粒分析试验的部分试验数据,取土总质量为 3000g,请回答以下问题：

颗粒分析试验部分试验数据　　　　　　　　　　表 12.4

孔径(mm)	累计留筛土质量(g)	孔径(mm)	累计留筛土质量(g)
20	350	5	1600
10	920	2	2190

（1）根据以上试验数据,计算孔径为 5mm 筛的通过率为（　　）。

    A. 46.7%   B. 58.2%   C. 67.5%   D. 51.3%

（2）根据《公路土工试验规程》(JTG 3430—2020)规定,粒组分为（　　）。

    A. 巨粒组   B. 粗粒组   C. 细粒组   D. 中粒组

（3）根据（　　）选项,可以判别土的级配是否良好。

    A. 是否满足 $C_u \geq 5$ B. 是否满足 $C_c = 1 \sim 3$

    C. 是否满足 $C_u \geq 10$ 且 $C_c = 1 \sim 5$ D. 以上说法均有可能发生

（4）筛分法适用于（　　）。

    A. 任何土   B. 含黏土粒的砂砾土

    C. 无黏聚性土   D. 土样应采用风干土

（5）风干土指（　　）。

    A. 含水率为零的土   B. 含水率为 20% 的土

    C. 含水率与大气含水率相同的土   D. 含水率为 10% 的土

第 13 章　习题参考答案

一、单项选择题

1. C

【解析】《公路土工试验规程》(JTG 3430—2020)中土颗粒分析试验(T0115)规定,筛分法用于分析粒径为 0.075~60mm 土的颗粒组成。对于无黏聚性的土采用干筛法,对于含有黏土粒的砂砾土采用水筛法。

2. C

【解析】《公路土工试验规程》(JTG 3430—2020)中土样和试样制备(T0102)规定,土的液塑限试验备样需要过 0.5mm 筛。

3. B

【解析】《公路土工试验规程》(JTG 3430—2020)中土的击实试验(T0131)规定,重型击实法规定击实锤质量为 4.5kg。

4. A

【解析】依据土的分类与特性,因粗粒自身的密度较大,所以随着粗粒增多,土的最大干密度会增大。

5. A

【解析】《公路土工试验规程》(JTG 3430—2020)中土的界限含水率试验(T0118)规定,液限和塑限联合测定法适应范围是粒径不大于 0.5mm,有机质含量不大于试样总质量 5% 的土。

6. A

【解析】《公路土工试验规程》(JTG 3430—2020)中土颗粒分析试验(T0115、T0116、T0117)规定,筛分法适用于分析粒径大于 0.075mm 的土;密度计法、移液管法适用于分析粒径小于 0.075mm 的细粒土;沉降分析法包括密度计法及移液管法。

7. C

【解析】《公路土工试验规程》(JTG 3430—2020)中土的界限含水率试验(T0118)规定,液限和塑限联合测定法规定液塑限联合测定仪锥质量为 100g 或 76g,试验时锥体下沉时间为 5s。

8. B

【解析】土中的水是指土颗粒表面的水,包括弱结合水及自由水,烘干温度宜在 100℃ 以上。《公路土工试验规程》(JTG 3430—2020)中土的含水率试验(T0103)烘干法规定,烘箱应在 105~110℃ 温度下将土烘至恒量。

9. C

【解析】分析塑限与最佳含水率的概念及其之间的关系。塑限为土由可塑性状态向半固体状态过渡的界限含水率,按土的击实特性应接近达到最大干密度时的最佳含水率。一般来

113

说,土的最佳含水率大约比塑限高 2%,因此,土的最佳含水率与塑限较接近。

10. C

【解析】《公路土工试验规程》(JTG 3430—2020)中土的密度试验(T0107)环刀法规定,环刀法仅适用于细粒土,细粒土包括黏质土、粉质土和有机质土。

11. A

【解析】土的比重是指土的固体颗粒单位体积的质量与水在 4℃ 时单位体积的质量之比。水在 4℃ 时的密度为 $1g/cm^3$,故土的比重在数值上等于土颗粒密度。

12. D

【解析】根据浮力原理,采用水中重法可以获得蜡封试件体积 $V = \dfrac{m_1 - m_2}{\rho_{wt}}$。其中,$m$ 为试件质量;m_1 为蜡封试件质量;m_2 为蜡封试件水中质量。当试验温度(t℃)下水的密度为 $\rho_{wt} = 1g/cm^3$ 时,$V = m_1 - m_2$,即蜡封试件空中质量与水中质量之差等于蜡封试件体积。

13. B

【解析】不同的土类其最佳含水率和最大干密度不同。一般粉粒和黏粒含量越多,土的塑性指数越大,土的最佳含水率也越大,最大干密度越小。因此,一般砂性土的最佳含水率小于黏性土,而最大干密度大于黏性土。

14. D

【解析】黏性土界限含水率是指,当土达到塑限后继续变干,土的体积随含水率的减少而收缩,但达某一含水率后,土体积不再收缩,这个处于半固态-固态之间的界限含水率称为缩限。

15. C

【解析】司笃克斯(Stokes)定理为 $d = 1.126\sqrt{v}$,据此可以确定土粒在液体中的沉降速度与粒径的关系:土粒越大,在静水中沉降速度越快;反之,土粒越小则沉降速度越慢。

16. B

【解析】可塑性的大小可用土处在塑性状态的含水率变化范围(即塑性指数)来衡量,从液限到塑限含水率的变化范围越大,土的可塑性越好。

17. C

【解析】《公路土工试验规程》(JTG 3430—2020)中土的塑限搓滚法试验(T0119)规定,将天然湿度的土体在毛玻璃上搓成直径为 3mm 土条时,土条恰好产生裂缝并开始断裂时的含水率作为塑限。含水率略大于塑限时搓成的土条越细且不断裂说明土的塑性越高。

18. C

【解析】依据蜡封法测土的密度试验原理,土的湿密度计算公式为 $\rho = \dfrac{m}{\dfrac{m_1 - m_2}{\rho_{wt}} - \dfrac{m_1 - m}{\rho_n}}$,

蜡封试件的体积为 $\dfrac{m_1 - m_2}{\rho_{wt}}$,蜡的体积为 $\dfrac{m_1 - m}{\rho_n}$(题干已知)。其中,m 为试件质量;m_1 为蜡封试件质量;m_2 为蜡封试件水中质量;ρ_{wt} 为蒸馏水试验温度时的密度;ρ_n 为石蜡密度。

19. C

【解析】依据灌砂法测定土的密度原理,试洞内灌砂的体积为试洞体积,即试洞内挖出湿土体积,该体积为 $V_s = \dfrac{m_b}{\rho_s}$,故湿土密度为 $\rho = \dfrac{m_t}{V_s}$,或直接按照公式 $\rho = \dfrac{m_t}{m_b} \times \rho_s$ 计算。其中,m_b 为填满试洞的砂质量;m_t 为试洞中挖出的全部土样的质量;ρ_s 为量砂的密度。

20. D

【解析】《公路土工试验规程》(JTG 3430—2020)中土的筛分试验(T0115)规定,各级筛上和筛底土总质量与筛前试样质量之差不应大于1%,否则应重新试验。

21. C

【解析】土条能搓成直径1mm者为塑性高,能搓成直径1~3mm者为塑性中等,能搓成直径大于3mm土条即断裂者为塑性低。

22. C

【解析】《公路土工试验规程》(JTG 3430—2020)中液限和塑限联合测定法测定土的界限含水率试验(T0118)规定,根据液限(a点含水率)在 $h_P - w_L$ 图上查得塑限锥入深度 h_P。以此 h_P 再在 h-w 直线上求出相应的含水率获得土的塑限 w_P。

23. C

【解析】土的塑限为黏性土处于塑态至半固态的界限含水率。《公路土工试验规程》(JTG 3430—2020)中采用滚搓法(T 0119)将天然湿度的土体在毛玻璃上搓成直径为3mm土条时,土条恰好产生裂缝并开始断裂时的含水率作为塑限。

24. D

【解析】《公路土工试验规程》(JTG 3430—2020)中土的液塑限联合测定试验(T 0118)结果整理规定,在双对数坐标上,如 a、b、c 三点不在同一直线上,要通过 a 点与 b、c 两点连成两条直线,根据查得的 h_P,在 h-w 的 ab 及 ac 两直线上求出相应的两个含水率。当两个含水率的差值小于2%时,以该两点含水率的平均值与 a 点连成一直线;当两个含水率的差值不小于2%时,应重做试验。

25. B

【解析】根据土的固结试验得出 e-p 和 e-$\lg p$ 曲线,可计算压缩系数、压缩指数、体积压缩系数、压缩模量、变形模量等压缩性指标。压缩指数为 $C_c = \dfrac{e_1 - e_2}{\lg p_2 - \lg p_1}$,压缩系数为 $\alpha = \dfrac{e_1 - e_2}{p_2 - p_1}$。

26. C

【解析】固结系数是固结理论中反映土体固结速度的指标,主要取决于土的渗透系数、天然孔隙比、水的重力密度、土的压缩系数。固结系数越大,土体的固结速度越快。

27. B

【解析】塑性指数 $I_P = w_L - w_P$,习惯上采用不带百分号的数值表示。

28. C

【解析】土的含水率计算公式为 $w = \dfrac{m - m_s}{m_s} \times 100\%$,其中,$m$ 为湿土质量;m_s 为干土质量,结果计算精确至0.1%。

29. B

【解析】环刀法测土的密度,湿密度为 $\rho = \dfrac{m_1 - m_2}{V}$。其中,$m_1$ 为环刀与土的合质量;m_2 为环刀质量,V 为环刀的体积,结果计算精确至 0.01g/cm^3;干密度为 $\rho_d = \rho / (1 + 0.01 w)$。

30. C

【解析】《公路土工试验规程》(JTG 3430—2020)中土的界限含水率试验规定,液塑限联合测定法(T0118)测定土的液限和塑限,液限碟式仪测定法(T0170)测定土的液限,搓滚法(T0119)测定土的塑限。

31. B

【解析】根据原状土的侧限压缩试验,即固结试验得出 e-$\lg p$ 曲线,在该曲线上通过作图可以确定土的先期固结压力。对应于曲线过渡到直线段的拐弯点的压力值是土层历史上所曾经承受过的最大固结压力,称为先期固结压力。

32. D

【解析】液性指数为 $I_L = \dfrac{w - w_p}{I_p}$,该指标能够表征土的天然含水率与界限含水率的相对关系,用于描述土的状态。当 $I_L < 0$ 时土呈坚硬状态(固态、半固态),$I_L = 0 \sim 1$ 时土为可塑状态,$I_L > 1$ 时土处于流动状态。

33. D

【解析】《公路土工试验规程》(JTG 3430—2020)中土的液限和塑限联合测定法(T 0118)规定,采用 100g 锥试验,在 h-w 图上查得纵坐标入土深度 $h = 20\text{mm}$ 所对应的横坐标的含水率,即为该土的液限。

34. C

【解析】《公路土工试验规程》(JTG 3430—2020)中土的承载比(CBR)试验(T0134)规定,制备 CBR 试件应按重击实法Ⅱ-2 规定的层数和每层击数进行。

35. C

【解析】《公路土工试验规程》(JTG 3430—2020)中土的固结试验(T0137)规定,单轴固结仪法规定土的预压压力为 1.0kPa。

36. A

【解析】《公路土工试验规程》(JTG 3430—2020)中土的直剪试验(T0140)规定,慢剪试验速度为 0.02mm/min,快剪试验的速度为 0.8mm/min。

37. D

【解析】《公路土工试验规程》(JTG 3430—2020)中土的固结试验(T0137)规定,如需要测定沉降速率、固结系数等指标,一般按规定的时间间隔记录变形量至稳定为止。固结稳定的标准是最后 1h 变形量不超过 0.01mm。

38. B

【解析】土的压实原理与压缩原理不同,击实时使土颗粒重新排列紧密,增大了颗粒表面摩擦力和颗粒之间嵌挤形成的咬合力。在击实的过程中,由于击实功系瞬时作用土体,土体内的气体部分排除,而所含的水量则基本不变。

39. D

【解析】抗剪强度库仑定律对于黏性土有 $\tau_f = c + \sigma \cdot \tan\varphi$。其中,$c$ 为黏聚力;φ 为内摩擦角;σ 为剪切滑动面上法向应力。

40. A

【解析】与土的抗剪强度有关的工程问题主要有三类:土工构筑物的稳定性、土压力问题

（包括挡土墙、边坡、地下结构等周围土体的稳定性）和地基土的承载力问题。

二、判断题

1. ×

【解析】土的击实曲线必位于饱和曲线的左下侧,不会相交。因击实作用不能将土中封闭的气体排出,故击实土不可能达到完全饱和状态。

2. √

3. √

4. ×

【解析】击实法可用于扰动土试件制备。

5. ×

【解析】小击实筒击实后,土样不宜高出筒顶 5mm。

6. ×

【解析】承载比试验制件应泡水 4 昼夜。

7. √

8. ×

【解析】烘干法适用于测定有机质土和含石膏土的含水率,但应将温度控制在 60~70℃ 的恒温下烘至恒量,需要烘 12~15h。

9. √

10. √

11. √

12. √

13. ×

【解析】塑限指黏土从塑性状态向固体状态过渡的界限含水率。

14. ×

【解析】滚搓法可以测定土的塑限。

15. √

16. ×

【解析】采用 100g 锥,测塑限时锥入深度没有具体数值规定;若采用 76g 锥,塑限为对应 $h\text{-}w$ 的关系曲线上锥入土深度为 2mm 所对应的含水率。

17. √

18. √

19. √

20. ×

【解析】CBR 试验试件泡水时,水面应高出试件顶面 25mm。

21. √

22. ×

【解析】CBR 试件泡水应满足水面在试件顶面上 25mm,且需泡水 4 昼夜。

23. √

24. ×

【解析】土中黏粒含量越多,土的可塑性越高,塑性指数越大。

25. √

26. √

27. √

28. √

29. ×

【解析】土的含水率没有最大值。

30. ×

【解析】土的强度指土的抗剪强度。

31. √

32. √

33. ×

【解析】虹吸筒法可测定土的比重。

34. √

35. √

三、多项选择题

1. ACD

【解析】先期固结压力 p_c 为土层历史上所经受到的最大压力,可用其与土层自重压力 p_0 之间的关系 $\left(\text{超固结比 } OCR = \dfrac{p_c}{p_0}\right)$ 将土层划分为三类固结状态:当 $p_c = p_0$(或 $OCR = 1$)时为正常固结土,$p_c > p_0$(或 $OCR > 1$)时为超固结土;$p_c < p_0$(或 $OCR < 1$)时为欠固结土。

2. ABC

【解析】《公路土工试验规程》(JTG 3430—2020)中土的三轴试验(T0144、T0145、T0146、T0176)规定,包括不固结不排水、固结不排水、固结排水和一个试样多级加载试验方法。

3. ABD

【解析】压缩系数 α 和压缩模量 E_s 是土的重要压缩性指标。压缩系数反映土压缩性的大小,α 值越大,土的压缩性越高。工程上常用压力间隔 $P_1 = 100\text{kPa} \sim P_2 = 200\text{kPa}$ 时对应的压缩系数 α_{1-2} 评价土的压缩性:$\alpha_{1-2} < 0.1\text{MPa}^{-1}$ 时,属于低压缩性土;$0.1 \leqslant \alpha_{1-2} < 0.5\text{MPa}^{-1}$ 时,属于中压缩性土;$\alpha_{1-2} \geqslant 0.5\text{MPa}^{-1}$ 时,属于高压缩性土。压缩模量是反映土抵抗压缩变形能力的指标。

4. ABD

【解析】《公路土工试验规程》(JTG 3430—2020)中规定,土的密度试验方法较多,有环刀法、蜡封法、灌砂法和灌水法。

5. ABC

【解析】土的三相物理性质指标包括:三相基本物理指标,有土的密度(即天然密度或湿密度)、含水率、土粒密度及土粒比重;换算指标,有干密度、饱和密度、浮密度、饱和度、孔隙比及孔隙率。其中,三相基本物理指标可直接测试。

6. AB

【解析】《公路土工试验规程》(JTG 3430—2020)中规定,土的含水率试验常用的方法有烘干法、酒精燃烧法。

7. ACD

【解析】《公路土工试验规程》(JTG 3430—2020)中土的 CBR 试验(T 0314)规定,需要制备从低于95%到等于100%的最大干密度的三种干密度试件,每层击数分别为30、50、98 次。每个干密度制备 3 个试件,共 9 个。

8. ABCD

【解析】《公路土工试验规程》(JTG 3430—2020)中土的固结试验(T0137)单轴固结仪法规定,试验时预加 1.0kPa 压力,使固结仪各部分紧密接触,装好并调整百分表读数至零。然后,去掉预压荷载,立即加第一级荷载。荷载等级一般规定 50kPa、100kPa、200kPa、300kPa 和 400kPa。有时根据土的软硬程度,第一级荷载可考虑用 25kPa。

9. AC

【解析】土的压缩试验可以绘出 $e\text{-}p$、$e\text{-}\lg p$ 两条曲线。$e\text{-}p$ 曲线主要确定土的压缩系数 α 和压缩模量 E_s;$e\text{-}\lg p$ 曲线主要确定压缩指数 C_c 和土层的先期固结压力 p_c。

10. CD

【解析】压缩系数和压缩指数是反映土的压缩性指标,压缩系数(或压缩指数)越大,土的压缩性越高;压缩模量则是反映土抵抗压缩变形能力的指标,与压缩系数一样均不是常数,两者成反比关系:$E_s = \dfrac{1 + e_1}{\alpha}$。

11. ABC

【解析】《公路土工试验规程》(JTG 3430—2020)中规定,土的直剪试验方法有慢剪、固结快剪、快剪,以及排水反复直接剪切法。

12. ABD

【解析】《公路土工试验规程》(JTG 3430—2020)中规定,土的比重试验方法有比重瓶法、浮称法、虹吸筒法和浮力法。其中,比重瓶法适用于粒径小于 5mm 的土,其他方法适用于粒径不小于 5mm 的土。

13. AB

【解析】土的固结是三相土体受外力引起的压缩变形,主要是由于孔隙的减小所引起的,包括三部分:土粒固体部分的压缩、土体内孔隙中水的压缩、水和空气从孔隙中被挤出以及封闭气体被压缩。对于饱和土,只有当孔隙水挤出后才能产生变形。随着孔隙水被挤出,孔隙水压力逐步转变为由土骨架承受的有效应力。有效应力原理表示研究平面上的总应力=有效应力+孔隙水压力。因此,土的固结过程,实际是孔隙水压力不断消散、有效应力不断增长的过程,从而形成土的抗剪强度。

14. BC

【解析】土的固结快剪试验原理是在剪切力作用下土样不排水固结,在法向力作用下土样排水固结。而土的慢剪试验特征是在剪切力作用下土样排水固结,在法向力作用下土样排水固结。

15. AC

【解析】《公路土工试验规程》(JTG 3430—2020)中规定,土的液塑限试验(T0118)适用于粒径不大于 0.5mm、有机质含量不大于试样总量5%的土。

16. ACD

【解析】土的基本物理性质指标间的相互关系为:天然孔隙比 $e_0 = \dfrac{G_s \cdot \rho_w}{\rho_d} - 1$,干密度与湿密度和含水率的关系为: $\rho_d = \dfrac{\rho}{1 + 0.01w}$。其中, G_s 为土的比重; ρ 为土的密度(湿密度)。

17. AD

【解析】击实功对土的压实有影响。击实功越大,土的最大干密度越大,而土的最佳含水率则越小。但是,如果增大击实功超过一定限度,再增加击实功,则土的干密度增加也不明显。

18. AD

【解析】《公路土工试验规程》(JTG 3430—2020)中土的颗粒分析试验(T0115)规定,对于含有黏土粒的沙砾土采用水筛法。当大于 0.075mm 的颗粒超过试样总质量的 15% 时,应先进行筛分试验。经过洗筛,再用沉降分析试验(密度计或移液管法)进行试验。

19. AC

【解析】《公路土工试验规程》(JTG 3430—2020)中土的密度试验方法有环刀法、蜡封法、灌水法、灌砂法等,适用于现场测定的方法有环刀法、灌砂法和灌水法,但其适用性有差别。环刀法适用于细粒土,操作简便、准确,室内和野外普遍采用;灌砂法是现场最常用的方法,适用于现场测定细粒土、砂类土和砾类土的密度,试样的最大粒径不大于 15mm,测定密度层的厚度为 150~200mm。灌水法适用于现场测定粗粒土和巨粒土的密度。

20. AB

【解析】依据土的击实特点,不同土类的击实特性不同,含粗粒越多的土,其最大干密度值越大,而最佳含水率越小;击实功越大,土的最大干密度越大,最佳含水率越小。根据击实曲线的变化规律,增大或减小含水率,其最大干密度不会随之变化。

21. AB

【解析】《公路土工试验规程》(JTG 3430—2020)中规定,土样和试样制备(T0102)可采用击实法和压样法,用击实法对扰动土样进行试件制备,应对代表性试样测定其含水率、干密度,计算制备扰动土样所需总土质量 $m = (1 + 0.01w_h)\rho_d V$。

22. ABCD

【解析】依据土样和试样制备(JTG 3430—2020)(T0102)和土的界限含水率试验(T0118),对于界限含水率试验土样制备,以上四个答案均正确。

23. ABC

【解析】《公路土工试验规程》(JTG 3430—2020)(T 0118)中规定,土的界限含水率试验(JTG 3430—2020)关于结果的整理要做到:①采用 h-w 双对数坐标系;②连接 a、b、c 三点应为一条直线,否则,应过 a 点与 b、c 两点分别连成两条直线;③若用 100g 锥,查的入土深度 $h = 20$mm 所对应的含水率为液限;若用 76g 锥,则应查得入土深度 $h = 17$mm 所对应的含水率为液限。④若用 100g 锥,根据液限在 h_P-w_L 图上查得 h_P,再由 h-w 图查出 h_P 时所对应的含水率为塑限;若用 76g 锥,在 h-w 曲线查得锥入土深度为 2mm 时所对应的含水率为塑限。

24. ACD

【解析】《公路土工试验规程》(JTG 3430—2020)中规定,土的含水率试验(T0104)中酒精燃烧法是一种快速简易测定细粒土的含水率的方法,但不适用于含有机质的土和盐渍土。

25. ABC

【解析】土的三轴压缩试验与直剪试验相比,能控制试验排水条件;受力状态明确,可以控制大小主应力,能准确地测定土的孔隙压力及体积变化,但剪切面不固定;土样所受力为周围压力和竖向压力,所受围压为σ_3。

四、综合题

1. (1) A　　(2) AB　　(3) ABD　　(4) CD　　(5) ABC

【解析】

(1) 由表中试验数据可知,a 土粒径大的含量少,粒径小的含量多,所以 a 土细颗粒含量多。

(2) 对于细颗粒含量多的土,密度较小,而最佳含水率则相对高,所以随着土中细颗粒含量增多,最大干密度减小,最佳含水率增大。

(3) 击实曲线为一抛物线形状,有峰值,峰值点为最佳含水率与最大干密度,偏干状态的土含水率变化对干密度影响较大,所以左陡右缓。

(4) 随着击实次数的增多,由于击实功的增大,使土越来越密实,所以土的最大干密度增加,相应的最佳含水率减小。

(5) 根据《公路土工试验规程》(JTG 3430—2020)规定,颗粒分析试验对于粒径大于0.075mm 的颗粒用筛分法进行颗粒分析,对于粒径小于 0.075mm 的土颗粒用移液管法或密度计法。

2. (1) A　　(2) C　　(3) B　　(4) ABCD　　(5) ABCD

【解析】

(1)《公路土工试验规程》(JTG 3430—2020)规定,承载比是指试件贯入量达规定值,单位压力与标准碎石压入相同贯入量时标准荷载强度的比值,以百分率表示。

(2) 贯入量为 5mm 时的承载比为:$CBR = \dfrac{P}{10500} \times 100\% = \dfrac{690}{10500} \times 100\% = 6.6\%$。

(3) 膨胀量计算:膨胀量=泡水后试件高度变化/原试件高(120mm)。

(4)《公路土工试验规程》规定,制备 3 种不同干密度试件,每组干密度试件制备 3 个,共制 9 个试件;并采用不同的击数;关于 CBR 的数值,选项 C、D 均正确。

(5)《公路土工试验规程》(JTG 3430—2020)规定,制备 CBR 试件的最佳含水率应按重型击实进行击实试验,泡水测膨胀量试验。

3. (1) A　　(2) ABC　　(3) AB　　(4) BCD　　(5) C

【解析】

(1) 通过率是指小于某粒径的土质量百分比,该土 5mm 的通过率为 (3000 - 1600)/3000 = 46.7%。

(2) 根据《公路土工试验规程》(JTG 3430—2020)规定,粒组划分为三大粒组。

(3) 根据《公路土工试验规程》(JTG 3430—2020)规定,土级配是否良好应同时满足不均匀系数 C_u 及曲率系数 C_c 两个指标的要求。

(4) 根据《公路土工试验规程》(JTG 3430—2020)规定,筛分法适用于 B、C、D 选项的三种土。

(5) 风干土是指在干净阴凉和通风的房间中,将采回的土样放在牛皮纸或塑料薄膜上,摊成薄薄的一层,置于室内通风晾干,所以其含水率与大气相同。

参 考 文 献

[1] 交通运输部公路科学研究院.公路土工试验规程:JTG 3430—2020[S].北京:人民交通出版社股份有限公司,2020.

[2] 袁聚云.土工试验与原理[M].上海:同济大学出版社,2003.

[3] 袁聚云,徐超,赵春风,等.土工试验与原位测试[M].上海:同济大学出版社,2004.

[4] 钱建固,袁聚云,赵春风,等.土质学与土力学[M].北京:人民交通出版社股份有限公司,2018.

[5] 杨迎晓,李强,王常晶,等.土力学试验指导[M].杭州:浙江大学出版社,2007.

[6] 交通运输部安全与质量监督管理司,交通运输部职业资格中心.公路水运工程试验检测专业技术人员职业资格考试用书　道路工程(2018版)[M].北京:人民交通出版社股份有限公司,2018.

[7] 侍倩.土工试验与测试技术[M].北京:化学工业出版社,2005.

[8] 交通运输部公路科学研究院.公路工程无机结合料稳定材料试验规程:JTG E51—2015[S].北京:人民交通出版社,2009.